종가를 지켜온

종부의 손맛

종가를 지켜 온

종부의 손맛

글 ◐KBS 「종부의 손맛」 제작팀 이윤희

오픈하우스

《종가를 지켜온 종부의 손맛》 출간에 부쳐

　　텔레비전 프로그램이 차고 넘치는 세상이다. 하루가 멀다 하고 새로운 형식의 획기적인 프로그램들이 쏟아져 나오면서 눈과 귀를 사로잡는다. 어디서든 쉽게 볼 수 있는 TV는 물론, 책 역시도 가볍게 읽을 수 있는 쉬운 글과 내용으로 가득하다. 하지만 모두가 빠르고 쉬운 것에 익숙해졌다 하더라도 '공영'이라는 커다란 중심을 잃지 않으면서 더 늦기 전에 누군가는 기억하고 기록해야 하는 중요한 일들이 있다. 유구한 세월 동안 가풍과 지혜를 축적해 온 이 시대 '종부들의 손맛'이 바로 그러했다. 길게는 천 년, 짧게는 백여 년의 시간 동안 한 가문의 좌장으로 안살림을 책임진 종부들의 평범한 계절밥상은 국보나 보물로 지정된 문화유산은 아니지만, 누군가는 꼭 기록해야 할 우리의 자산이었다.

　　KBS 2TV『생방송 오늘』의 인기 코너였던「종부의 손맛」은 "이 계절, 종가에서는 어떤 음식을 먹을까?"라는 단순한 호기심에서 출발했다. 탄탄한 짜임새와 수준 높은 영상은 많은 시청자들을 만족시켰고, 방송 후 내로라하는 종가들 사이에서 "어느 댁 종부의 솜씨 봤어?" 하는 입소문이 나면서 까다롭다는 종가의 부엌살림을 살펴볼 수 있는 영광을 얻었다.

종가라고 해서 거창한 음식을 보여주려고 하기보다는 손쉬운 계절음식을 고집했고, 집안마다의 까다로운 질서와 법도를 함께 담으려 애썼다. 또한 수백 년 명문가의 높은 덕망의 이유를 찾으려 노력했다. 명문가는 하늘이 낸다는 말을 증명이라도 하듯 역시 명문가는 달랐다.

수백 년 내력의 '건강하고도 지혜로운 밥상'을 선사한 덕분인지 종부의 손맛을 따라 집에서 요리해보고 싶다는 요청이 많아 이렇게 책으로 발간하기에 이르렀다. 책임 프로듀서로서 감회가 새롭다. 무엇보다 좋은 기획과 프로그램을 알아봐 주신 시청자 여러분께 진심으로 감사드린다.

KBS「종부의 손맛」책임 프로듀서 정재학

　　방송인이자 요리연구가 이전에 나는 전주 이씨 덕양군파 귀흥군손 7대 종손이다. 어렸을 때부터 유별나게 음식에 관심이 많아, 시도 때도 없이 부엌을 드나들어 집안 어른들에게 혼났던 기억은 모두 행복한 추억으로 남아 있다. 이런 내가 전국의 종가를 찾아 그 집안의 내림음식을 소개하는 프로그램과 인연이 닿았으니, 그 향기는 쉬이 사라지지 않을 것이다.

　　수백 년 내력을 이어오는 종가와 종부의 사연 하나하나가 소중했고, 그녀들이 뚝딱뚝딱 차려내는 투박하면서도 질박한 우리네 음식에 눈물겨웠다. 행여 장맛이 변할까 봐 노심초사했던 이 여인들이 있기에 우리는 전 세계가 엄지를 치켜드는, 그야말로 음식다운 음식 '한식'을 계승해나갈 수 있으리라.

　　맛과 멋이 깃든 종가 탐방이 책으로 나온다니 이 얼마나 기쁜 소식인지 모른다. 종가라는 높은 담에 싸인 집들이 줄줄이 부엌을 열어 종가의 맛 탐방이 언제까지나 계속 이어졌으면 하는 바람이다.

방송인, 요리연구가 이정섭

맛보지 못한 음식을 새로이 알게 되는 기쁨, 게다가 그것이 전국 각 지역을 대표하는 종가의 속을 들여다볼 수 있는 기회라면 그 즐거움은 배가 될 것이다. 종가의 음식이라는 것은 그 집안 종부의 손맛뿐만 아니라 그 댁의 분위기를 미뤄 짐작할 수 있기 때문이다. 종가는 아니지만 어려서부터 조부를 모시고 살았기에 운 좋게도 밥상머리 교육을 많이 받았다. 그것이 오늘에 이르러 나의 방송 진행 스타일에도 많은 영향을 끼쳤다. 혹자는 내 방송이 너무 점잖다 하고 또 어떤 사람들은 위트와 품격이 있다며 나의 진행을 칭찬하기도 한다. 때때로 주변의 말들은 나를 혼란스럽게 하지만, 흔들림 없이 지난 17년 동안 바람 잘 날 없는 '말 공장'에서 방송을 계속 할 수 있었던 것은 집안 어르신들의 가르침이 내 몸 깊숙이 배어 그 어떤 고민과 갈등의 순간에도 중심을 잃지 않았기 때문일 것이다. 수년간 같은 프로그램을 하면서 친남매처럼 가까이 지낸 이윤희 작가의 책이 나온다니 설레는 마음을 감출 수 없다. 그녀가 마음으로 풀어낸 종부의 삶과 종가 음식에 대한 이야기는 시청자들의 눈과 귀를 사로잡았다. 그리고 이제는 지면으로 만나게 될 독자들까지도 매료시킬 것이다.

KBS 아나운서 윤인구

차례

단양 우씨 집의종가

진주 강씨 만산고택

경주 김씨 충암종가

의성 김씨 만회고택

광대 임씨 화송성사

원주 변씨 간재종가

속초

포천

파주
의정부

홍천

강원도

인천광역시

서울특별시

광명 성남 광주

수원 용인

경기도

평창

심척

제천

영월

봉화

영양

충청북도

서산

아산 천안

진천

괴산

문경

안동

경상북도

청송

충청남도

청주

대전광역시

청양

논산

김천 구미

성주

영천

포항

서천

전주

거창

대구광역시

경주

전라북도

울산광역시

고창

남원

함양

합천 창녕

영광 장성 담양

경상남도

밀양

한양 조씨 양절종가

광주광역시

구례

진주

마산

부산광역시

나주 화순

순천

김해 배씨 한무종가

전라남도

여수

파평 윤씨 친립종가

해남

문화 유씨 운조루

봄

한양 조씨
양절종가

:: 보리순홍어애국

도다리쑥국 vs 보리순홍어애국

납매臘梅라는 꽃이 있다. 빛깔이 노란 개나리색 매화다. 남도에서 동백이
나 산수유가 꽃망울을 터뜨리기 전 참을성이 부족한 납매가 먼저 세상으로
얼굴을 내민다. '납臘'은 음력으로 한 해의 마지막 달인 음력 12월, 즉 섣달
을 일컫는 말로서 조상들은 섣달을 '극월極月', '납월臘月'이라고도 불렀다. 옥
매, 수선, 동백꽃과 더불어 설중사우雪中四友로 꼽히는 납매가 엄동설한 가운
데서도 꽃망울을 터뜨렸다는 소리는 바야흐로 봄이라는 의미다.

봄이면 사람들은 으레 꽃구경을 계획한다. 거제 지심도의 동백을 보러
갈까, 광양의 매화가 더 좋을까, 구례의 산수유가 나을까, 저마다 가슴속에
꽃을 먼저 피우고 꽃 여행을 빙자한 식도락 여행을 계획한다. 이때 꼭 한 가
지 기억해둘 것이 있다. 봄꽃이야 어딜가나 마찬가지지만 봄맛은 지역색이

고스란히 드러난다는 것. 냉이나 달래, 쑥 같이 한반도 어디에서나 만날 수 있는 나물들도 있지만 봄의 맛에 있어서는 경상도와 전라도가 절묘하게 나뉜다. 바다를 기준으로 봄맛 양대 산맥이 갈리는데, 남해의 도다리쑥국과 서해의 보리순홍어애국이 그것이다.

도다리쑥국은 경남 통영과 거제, 남해 일대에서 즐기는 요리다. 유명한 사진작가 앙리 카르티에 브레송은 '결정적 순간'이라는 멋진 단어를 탄생시켰는데, 1년 내내 먹는 음식이 아니라 딱 봄 한철에만 맛볼 수 있는 음식들은 '결정적 봄맛'이 아닐까?

매화가 꽃망울을 터뜨리는 봄날이 되면 경남 지방에서는 정식을 파는 식당뿐만 아니라 국밥집까지, 요리를 잘하든 못하든 '특미 도다리쑥국'이라고 쓴 종이를 문에다 붙여 놓는다. 특별히 음식을 잘하지 않더라도 통통하게 살이 오른 도다리와 봄기운 잔뜩 머금은 해쑥, 된장만 있으면 뚝딱 만들 수 있기 때문이다. 조리법도 무척 간단하다. 쌀뜨물에 된장을 풀고 도다리와 갓 뜯은 쑥을 넣고 끓이면서 풋고추나 마늘, 파 등을 곁들이면 완성된다. 쌀뜨물 대신 무나 다시마 우린 물을 써도 되고, 그마저 없으면 맹물로 조리해도 도다리와 쑥이 어우러져 깊은 맛을 자아낸다. 매운탕처럼 얼큰하고 시원한 맛이 아니라 요란하지 않으면서 담백하고, 그러면서도 속이 확 풀리는 알찬 기운이 담긴 음식이 바로 도다리쑥국이다.

경상도의 도다리쑥국에 대적하는 전라도의 결정적인 봄맛은 보리순홍어애국이다. 전라도를 대표하는 음식 홍어, 그중에서도 홍어의 간에 해당하는 '애'와 봄에만 맛볼 수 있는 '보리순'의 궁합이 실로 오묘하다. 보리순홍어애국이 어떤 맛일지 궁금하다면 봄날 식도락 여행지로 전남 함평군 손

한양 조씨 양절공파 종택

불면에 위치한 한양 조씨 양절공파 종택이 안성맞춤이다.

청렴하고 검소한 성품을 물려주다

한양 조씨 양절공파는 조선의 개국공신開國功臣 양절공 조온良節公 趙溫, 1347~1417 을 파시조派始祖*로 한다. 조온은 고려 말 이성계의 조선 개국을 도와 개국공신 2등에 책록되고 한천군에 봉해졌다. 1398년 제1차 왕자의 난때는 이방원을 도와 공을 세워 정사공신定社功臣 2등에 책록되었다. 그는 무엇보다 청렴하고 검소한 성품으로 유명했는데, 칠십 평생을 '모옥茅屋'에서 지낸 것만 보아도 사치와는 거리가 먼 인물임을 알 수 있다. 모옥은 띠나 이

* 각 파의 첫 번째 시조

엉 따위로 지붕을 인 초라한 집을 말한다. 이름 높은 개국공신이라면 아흔아홉 칸까지는 아니더라도 번듯한 기와집으로 권세를 부릴 법했을 텐데 조온은 재물에 연연하지 않았다. 일평생 깊은 충정과 백성에 대한 애민정신을 보여준 개국공신의 후손답게, 한양 조씨 양절공파 종택 역시 소박하고 정겹다. 마당 한쪽에 묵묵히 서 있는 동백나무가 운치를 더한다.

땅과 바다의 환상 조합

남편을 먼저 보내고 홀로 종택을 지키는 최경자 노종부는 봄날 귀한 손님이 오시면 보리순홍어애국을 대접한다. 특유의 퀴퀴한 냄새로 호불호가 갈리는 홍어는 지금이야 어느 지방에서든 맛볼 수 있지만 원래는 전라도를 대표하는 먹거리이다. 특히 서남지역에서는 경조사 때 반드시 잔칫상 위에 홍어를 올려야 했다. 홍어가 없으면 그 잔치에는 먹을 게 없다는 뒷말을 들을 만큼 홍어는 잔치의 시작이자 끝이었다. 홍어를 발효시키는 항아리 크기로 그 집의 위세를 짐작했을 정도이니 홍어가 얼마나 귀한 몸이었는지 알 수 있다.

홍어와 묵은 김치, 비계가 붙은 삶은 돼지고기를 함께 먹는 삼합이나, 찬 성질의 홍어와 뜨거운 성질의 막걸리가 찰떡궁합을 이루는 홍탁은 전국구 별미가 된 지 오래다. 이렇게 삼합이나 홍탁 외에 회, 무침, 구이, 찜, 탕 등으로 다양하게 즐기는 탓에 홍어 값은 천정부지로 치솟고 최상급으로 치는 흑산도 홍어는 소위 부르는 게 값이다. 때문에 생김새가 꼭 닮은 가오리가

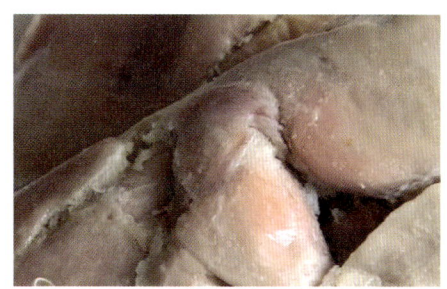

홍어애

홍어로 둔갑하는 경우가 있는가 하면, 수입 홍어도 국산으로 속여 파는 경우가 있으니 잘 살펴보아야 한다.*

대개 홍어의 삼미三昧라고 하면 오돌거리는 코, 잔뼈가 잘근잘근 씹히는 날개와 꼬리를 꼽는데, 토박이들이 꼽는 홍어 최고의 맛은 애다. 홍어애는 홍어의 내장 중에서 담황색을 띤 세 덩이의 간인데, 날것으로 먹기도 하고 약간 삭혀서 요리하기도 한다. 냉동 보관했다가 해동해서 먹어도 괜찮다.

보리의 순이 억세어지기 전에 먹는 보리순은 그야말로 영양덩어리다. 칼륨, 칼슘, 비타민, 마그네슘 등 각종 영양 성분들이 균형 있게 함유되어 있어 노곤해지기 쉬운 봄철 건강을 지켜준다. 암, 당뇨, 동맥경화, 빈혈, 생리통 등에도 탁월한 효과가 있다고 하니 음식으로서도 약으로서도 좋은 식품이라 할 수 있겠다. 연약한 새순들이 언 땅을 뚫고 나오니 그 생명력이 오죽할까. 이런 보리순과 고단백질 알칼리성 식품으로 잘 알려진 홍어의 만남이라니, 그 맛이 기대되는 것은 당연하다.

---

* 수입산 홍어와 국산 홍어의 구분: 국산은 주둥이가 짧고, 암갈색 몸에 희미한 반점이 있다. 수입산은 주둥이가 길고 회갈색에 반점이 없다.

보리순홍어애국

1 쌀뜨물에 된장을 푼다. 손으로 조물조물 된장을 뭉개야 맛이 좋다.

2 뜯어온 보리순은 약 2~3cm 정도로 잘게 썬다.

3 된장을 푼 쌀뜨물을 끓여 잘게 썬 보리순과 다진 마늘, 고춧가루를 넣는다.

종부의 요리 TIP

"보통 국이나 찌개를 끓일 때 채소를 맨 나중에 넣잖아요. 그런데 보리순은 억세기 때문에 일찍 넣어야 해요. 보리순이 완전히 익는 데 시간이 좀 걸리거든요."

4 보리순이 완전히 익으면 홍어애를 덩어리째 넣는다. 홍어애는 금세 익어 풀어지기 때문에 마지막에 넣는다.

● 홍어

홍어목 가오리과의 바닷물고기로 우리나라에서는 상업적 가치가 높다. 홍어를 가리켜 《본초강목本草綱目》에서는 태양어邰陽魚라 했고, 모양이 연잎을 닮았다 하여 하어荷魚, 생식이 괴이하다고 하여 해음어海淫魚라 기록하고 있다. 특히 '트리메틸아민옥시사이드'라는 성분이 다량 있는데 홍어가 죽게 되면 이 성분이 암모니아와 트릴메틸아민으로 분해되면서 특유의 고약한 냄새가 난다.

알싸한 홍어애의 맛과 푹 익혀서 부드러운 보리순이 입에 착 달라붙는 보리순홍어애국은 냄새 때문에 홍어를 잘 먹지 못하는 사람들도 맛있게 먹을 수 있는 음식이다. 흑산도에서 오랜 세월 유배 생활을 했던 정약전은 《자산어보玆山魚譜》에서 홍어로 국을 끓여 먹으면 몸 안의 더러운 성분이 제거되며 술의 기운을 없앤다고 했다. 정약전이 최고의 해장 재료로 꼽은 홍어의 내장에다 몸에 좋은 영양소로 가득한 보리순이 더해졌으니 땅과 바다가 만난 보약이라 해도 과언이 아니다.

"시어머니가 살아 계시면 얼마나 좋을까요? 봄이면 보리순 캐다가 요리해 드린 기억이 많이 납니다."

맛난 음식 앞에서 종부는 돌아가신 시어머니 생각에 젖는다. 돌아가신 어른도 딸 같았던 종부를 가끔 그리워하지 않을까.

❖ 한양 조씨 양절종가
전남 함평군 손불면 죽장길 258-46 | 061-322-4661

파평 윤씨
한림종가

함평천지, 그리고 모평마을

함평천지 늙은 몸이 광주고향을 보려 하고
제주 어선 빌려 타고 해남으로 건너갈 제
흥양에 돋은 해는 보성에 비쳐 있고
고산의 아침 안개 영암에 둘러 있다
— 판소리 「호남가」 중

호남지방 50여 곳의 지명을 엮은 판소리 「호남가」의 첫머리에 등장하는 함평. 영광군과의 경계에 버티고 선 군유산을 제외하고는 낮은 동산과 너른 들판, 기름진 함평만을 끼고 있는 이곳은 예부터 아름다운 경관과 풍족한 먹을거리를 자랑했다. 함평은 쌀 맛이 좋기로 그 명성이 자자한데 '함평

쌀밥을 먹은 사람은 상여도 더 무겁다'는 말이 있을 정도다. 게다가 지방자치단체 우수 축제로 떠오른 '함평나비축제*' 덕분에 해마다 많은 이들이 찾아오면서 이곳은 꽃과 나비로 이름나게 되었다. 마을 사람들의 자부심은 높아졌고 애향심은 더욱 두터워졌다.

함평에서 특히 여행객들이 많이 찾는 곳은 모평마을이다. 1409년(태종 9년)에 함풍현과 모평현을 합치면서 함풍에서 '함'자, 모평에서 '평'자를 따서 붙인 이름이 '함평'이니, 이 모평마을이야말로 '함평의 어머니'라 해도 과언이 아니다. 들녘을 사이에 두고 상모평과 하모평으로 나누어진 모평마을은 본래는 함평 모씨의 세거지였다. 그러던 1460년, 제주 병마절도사를 지냈던 윤길尹吉이 제주도 귀양길에서 돌아오다 이곳의 산수에 반해 정착하면서부터 파평 윤씨의 집성촌이 되었고, 지금은 주민의 90% 이상이 파평 윤씨다. 수백 년이 지난 고택들과 돌담이 정겨운 모평마을은 전통체험마을로 명성을 더하고 있다.

대를 잇는 효, 귀령재

모평마을에서 꼭 둘러보아야 할 곳은 파평 윤씨 한림공파의 종택, 귀령재歸穎齋이다. 귀령재는 조선 후기의 문신 윤자화尹滋華, 1825~1884의 호이기도

---

* 매년 4~5월에 열리는 함평의 대표 축제. 나비 생태관 운영·나비 날리기·나비 표본 전시 등을 비롯해 다양한 공연 및 행사가 펼쳐진다.

하다. 모평마을에서 태어나 사헌부지평을 거쳐 대사헌까지 지낸 윤자화는 부모님이 돌아가시자 벼슬을 버리고 낙향해 귀령재를 지어 부모의 삼년상을 치렀다. 이런 지극한 효심이 대물림되고 있는지 귀령재에 유독 효자 효녀가 많다고 마을 사람들이 입을 모아 칭찬한다. 한데 어떤 연유인지 귀령재는 대대로 자손이 귀했다. 10대 종손이었던 윤태수 씨가 삼대독자에다

파평 윤씨 종택 귀령재   '귀령재' 편액

유복자로 태어났고 엎친 데 덮친 격으로 두 살 때는 어머니마저 여의고 고모의 손에서 자랐다. 이런 종손이 종부 오효순 씨를 만나 8남매를 낳고 길렀으니 집안의 경사가 아닐 수 없었다. 부부 금슬도 좋아 아흔 가까이 해로했으나 얼마 전 종손이 먼저 떠나고 노종부 오효순 씨 홀로 종택을 지키고 있다. 이제 막 11대 종손이 된 아들 윤여은 씨가 틈나는 대로 노종부를 찾아와 함께 산책도 하고 말벗도 되어드린다.

봄의 전령사, 냉이

봄이 되면 쌉싸래한 냉이 향이 귀령재를 가득 메운다. 봄에 냉이된장국 한 번 안 끓여먹는 집이 없을 만큼 냉이는 흔한 식재료지만 종부의 손길이 닿으면 이 또한 특별한 음식이 된다. 노종부와 종손이 다정하게 손을 잡고 밭으로 향한다. 종부의 손맛은 흙을 두드려 냉이를 캐는 것에서부터 시작된다.

"냉이는 날씨가 사흘 정도만 따뜻해도 벌써 꽃대가 올라와서 못 먹어요. 대가 올라오면 맛이 없어지지요. 그래서 냉이가 더 자라기 전에 따 놨다가 말려서 두고두고 먹습니다."

달래, 씀바귀와 함께 이른 봄 양지바른 곳에 돋아나는 냉이의 꽃말은 '봄색시', '당신께 나의 모든 것을 드립니다'이다. 봄색시 냉이는 꽃말처럼 뿌리부터 줄기까지 사람들에게 모두 내어주며 제 한 몸 희생한다. 예부터 구황작물로 이용된 냉이는 지역에 따라 '나생이', '나숭게' 등 여러 이름이 있

모평마을의 공동 식수 안샘

고, 한자명으로는 '제채薺菜'라 불린다.

　한의학에서는 냉이의 뿌리를 포함한 모든 부분을 약재로 쓴다. 꽃이 필
때 채취해 햇볕에 말려두거나 생풀로 사용하는데, 특히 지라(비장)를 실하
게 하며 이뇨나 지혈, 해독에 효능이 있어 당뇨병이나 출혈 과다 등에 효과
적이다. 또 눈을 밝게 하고 시력을 보호하는 효능이 있어 말린 냉이의 가루
를 먹거나 눈이 붓고 침침할 때 냉이 뿌리를 찧은 즙을 안약 대용으로 민가
에서는 이용해 왔다.

　모평마을에는 마을 사람들 모두가 사용하는 '안샘'이 있다. 옛날에는 마
을의 식수이자 아낙네들의 빨래터였던 이곳은 고려시대 때부터 사용한 샘
으로 천 년 동안 마르지 않았으며 그 온도도 14℃로 거의 일정하다. 바구니

한가득 냉이를 캐고 나면 이 안샘에서 냉이를 씻는다. 요즘은 집집마다 상수도가 있어서 안샘 물을 자주 사용하지 않지만 특별한 날, 특별한 음식을 할 때면 이곳 물을 떠다 쓴다고 한다.

"여름이면 점심때마다 여기서 꼭 냉수를 떠갔어요. 냉장고 없던 시절에는 안샘 물이 제일로 시원했거든요. 이 물을 한 바가지 길어다가 보리밥을 후루룩 말아먹고는 했어요."

안샘에서 냉이를 씻는 모자는 주거니 받거니 물 자랑을 하다, 냉이처럼 돋아나는 옛 추억에 잠긴다.

"어머니가 땀띠 났다고 안샘 물을 등에 뿌려주면 한여름에도 너무 차가워서 몸서리를 쳤지요. 등목 한 번에 추워질 정도였어요."

등목을 해주었던 아들은 장성해서 늙은 어미의 손발이 되고 있다. 모자의 추억이 얽히면서 종부는 모처럼 큰 소리로 웃는다. 아들의 말 한마디 한마디마다 팔남매를 키워낸 어머니에 대한 지극한 효심이 뚝뚝 묻어난다.

안샘에서 씻은 냉이로 한림종가에서는 대표적인 냉이 요리인 냉이된장국과 냉이무침을 선보인다. 어느 가정에서나 즐겨 먹는 냉이된장국은 제철 냉이와 맛있는 집된장만 있으면 금세 만들 수 있고, 냉이무침 또한 데친 냉이에 양념간장을 무치기만 하면 완성되는 간단한 요리이다.

냉이된장국

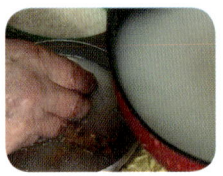

1 냉이를 뿌리째 다듬고 깨끗이 씻는다. 뿌리째 요리해야 하므로 뿌리와 잎이 연결되는 부분을 깨끗이 다듬어야 흙냄새가 나지 않고 깔끔한 향이 난다. 뿌리는 칼로 긁어 주면서 잔뿌리를 다듬고, 많이 시든 잎은 떼어낸다.

2 맹물이 아닌 쌀뜨물에 된장을 푼다. 묵은 된장에 새 된장 을 섞은 뒤 쌀뜨물을 부어 손으로 조몰락조몰락 풀어준다.

종부의 요리 TIP

"음식을 할 때 묵은 된장과 새 된장을 섞어서 사용합니다. 그러면 맛이 늘 일정하게 유지되거든요. 장이 변하면 옛날 맛이 사라지는 것이나 다름없으니 반반씩 섞어서 매번 같은 맛의 장을 만드는 거예요."

3 된장의 콩 알갱이가 국에 들어가지 않도록 체를 받쳐 큰 건더기는 건져낸다. 그래야 텁텁함이 가시고 국물이 깔 끔하다.

4 멸치와 냉이, 콩가루와 송송 썬 청양고추를 넣어 한소끔 끓인다.

냉이무침

1 끓는 물에 소금을 넣은 뒤 냉이를 살짝 데친다.

2 데친 냉이를 재빨리 건져내 찬물에 헹구고 손으로 물기 를 꼭 짠다.

3 참기름, 실파와 마늘을 다져 넣어 만든 양념간장을 조금 두르고 깨소금, 고춧가루를 뿌려 버무리면 완성이다.

● 쌀뜨물의 활용

쌀을 씻을 때 나오는 뿌연 쌀뜨물은 미감米泔, 미감수米泔水, 미즙米汁, 백수白水라고 불린다. 쌀뜨물은 여러 가지 효능이 있기 때문에 예부터 요리에 많이 쓰였다. 비타민 B1, B2, 전분질 등이 녹아 있어 피부 미백에 좋고, 냄새를 흡착하는 능력이 뛰어나 냄새 제거에 좋으며, 우엉이나 죽순 등의 아린 맛을 가진 채소를 삶을 때 쓰면 쌀뜨물 속에 들어 있는 전분 성분이 표면을 둘러싸서 산화되는 것을 방지해 당분의 유출도 적어지고 아린 맛도 제거된다.

● 냉이의 영양학

단백질 함량이 가장 많은 채소 중 하나. 또한 무기질 중에서 철 성분이 높고, 비타민 B1과 C가 매우 많다. 약리 효과도 높아 《본초강목》에서는 냉이가 오장을 이롭게 하는 식물이라 기록하고, 《화기전초》에서는 냉이가 소변을 시원하게 내리는 이뇨와 몸의 열을 식히는 해열작용이 뛰어나고, 된똥을 무르게 해줘서 변비에 효과적인 약초라고 기록했다.

길고 긴 겨울에서 봄의 문턱까지, 잃었던 입맛을 되찾아주는 쌉쌀하면서도 향긋한 봄의 대표주자 냉이된장국과 냉이무침이면 열 반찬이 부럽지 않다. 노종부와 종손이 마주 앉은 밥상에 살포시 봄이 내려앉는다.

❖ 파평 윤씨 한림종가 (숙박가능)

전남 함평군 해보면 산내길 195 | 061-323-8500

11대 종손 윤여은 016-351-8852 | 11대 종부 유효희 010-4603-2175

문화 류씨
운조루

:: 배추숙회나물

새들도 무심히 날아들고 구름도 쉬어가네

> 雲無心以出岫 鳥倦飛而知還
> 구름은 무심히 산골짜기를 돌아 나오고
> 날기에 지친 새들은 둥지로 돌아온다

중국을 대표하는 시인 도연명의 「귀거래사歸去來辭」 중 사람들에게 가장 많이 알려진 구절이다. 두 시구의 머리글자를 딴 '운조'는 문화 류씨 류이주 종가의 또 다른 이름 '운조루雲鳥樓'로 환생했다. 문화 류씨 운조루의 9대 노종부 이길순 씨는 구경하러 오는 사람들에게 늘 이 시구를 들려준다고 한다.

노종부는 지친 새들의 둥지, 운조루를 지키는 안주인답게 여러 역할을 수행한다. 입장료 천 원을 받기가 겸연쩍어 돈을 내면 작은 화분과 맞바꿔

문화 류씨 종택 운조루

주는 매표원이 됐다가, 집을 청소하고 가꾸는 관리인이 됐다가, 또 운조루를 소개하는 관광 가이드가 되는 등 잠시도 쉬지 않고 몸을 움직인다. 중요민속문화재 제8호로 지정되며 그 가치를 인정받은 운조루에는 사시사철 사람들의 발길이 끊이지 않는다.

구례군 토지면 오미리에 자리 잡은 운조루는 조선 영조 때 낙안 현감을 지낸 류이주柳爾冑, 1726~1797가 1776년에 지은 아흔아홉 칸의 대저택이다. 뛰어난 무관이었던 류이주는 지금의 광역시장에 해당하는 삼수부사와 오위장 등 높은 관직을 두루 역임하였다. 특히 건축에 식견이 뛰어났던 그는 수원화성과 남한산성 등 대규모의 성곽 공사를 담당하여 수원성을 잘 쌓은 공로로 2계급 특진이라는 성과를 올리기도 했다. 지금은 아흔아홉 칸이 다 전하지는 않지만 건축에 남다른 능력과 식견이 있었던 류이주가 지은 운조루인 만큼 운치와 멋스러움은 여전하다.

류이주는 이곳에 뿌리를 내리면서 "하늘이 이 땅을 아껴 두었던 것으로 비밀스럽게 나를 기다린 것"이라며 매우 기뻐했는데 바로 운조루의 터가 널리 알려진 명당이기 때문이다.

운조루는 백두산 굽이굽이 내려오는 산자락이 지리산에 이르러 섬진강과 만나면서 다섯 손가락을 펼친 형상인데, 이는 노고단의 옥녀가 형제봉에서 놀다가 금가락지를 떨어뜨린 금환락지金環落地의 꼴이라 하여 이런 곳에 집을 지으면 자손 대대로 부귀영화를 누릴 수 있다고 전해진다. 운조루의 연못 자리는 금가락지가 떨어진 곳이 되고, 안채의 부엌 자리는 금거북이 진흙 속으로 들어가는 금구몰니金龜沒泥의 형상으로, 남한의 3대 길지吉地라 해서 많은 사람들이 이곳을 찾는다.

낮은 굴뚝과 타인능해의 가르침

운조루의 굴뚝은 지붕 위가 아니라 낮은 곳에 위치한다. 부엌 옆의 벽에 있는 구멍으로 연기가 솔솔 피어오르는데, 운조루에 있는 굴뚝 3개가 전부 이런 형태다.

마당 낮은 곳에 위치한 운조루의 굴뚝

'타인능해'라 적힌 쌀뒤주

"굴뚝이 높으면 연기가 위로 올라가잖아요. 그러면 끼니를 제때 못 챙겨 배고픈 이웃들이 '저 집은 밥을 해먹으니 부럽구나' 하며 얼마나 속이 상하겠어요? 그래서 굴뚝을 낮게 만들어 연기가 위로 안 올라가게끔, 밥을 지어도 가난한 사람들이 덜 배고프게끔 한 거지요."

배곯는 사람들에게 죄스러워 굴뚝마저 낮게 지은 류이주의 배려가 역시 명문가는 다르구나 하는 점을 일깨운다. 운조루의 나눔은 뒤주에서 더욱 빛을 발한다.

영·정조 시대 이후 세도정권이 된데다 연이어 흉년이 든 터라 농민들은 제 입에 풀칠하기도 버거웠다. 세도가들은 곳간 걸어 잠그기 바빴지만 운조루는 오히려 쌀뒤주를 열었다. 세로로 '他人能解(타인능해)'라는 글씨가 쓰여 있는 커다란 통나무 뒤주는 운조루와 그 역사를 같이한다.

"타인능해 뒤주입니다. '누구라도 능히 열수 있는' 쌀통이었지요. 배고픈 사람들을 위해 누구나 쉽게 뒤주의 쌀을 가져갈 수 있도록 했습니다. 이 뒤주에 쌀이 두 가마니 반 정도가 들어가는데, 많이 나누고 많이 베풀어서 적어도 섣달그믐 때까지는 이 뒤주에 쌀이 비워져야 어른들의 호통이 없었습니다."

게다가 행랑채에서 사랑채로 가는 길목에 곳간을 둬서 집안사람들의 눈에 띄지 않고 쌀을 가져갈 수 있게 했으니 그 마음 씀씀이가 참으로 감탄스럽다.

지금도 마을 사람들은 운조루의 일이라면 발 벗고 나서서 돕는다. 배려와 베풂을 실천한 운조루의 인심 앞에서는 누구라도 운조루의 일이 자기 일이 되는 것이다.

농민의 음식

예부터 우리 조상들은 십이간지 중 정월 '닭날'과 '말날'에 담근 장이 맛있다 하여 많이 담갔다. 정확한 연원을 밝히기는 어렵지만 달다, 맛있다와 발음이 비슷한 닭날酉과 말날午에 담가 주술적인 효과를 얻는다는 이유도 있고, 말이 좋아하는 콩이 장의 원료가 되기 때문에 말의 핏빛처럼 장의 빛깔이 진하고 달게 된다는 설도 있다. 그리고 정월 말날에 담근 장은 정월의 낮은 온도에서 장을 담가 세균 번식이 적고, 점차 온도가 상승하면서 익기 때문에 장맛이 좋다고 한다.

"우리는 객지에 사는 자식들한테 나눠주는데다, 손님이 많이 와서 장을 많이 담가요. 다른 종가에서는 씨간장이라고 해서 오랫동안 묵힌 장을 최고로 치는데, 우리는 해마다 담그는 햇간장을 씁니다. 어른들 하던 방식 그

운조루의 햇간장

달걀을 넣었을 때 동전 크기만큼 물 위로 올라오면 소금 물의 농도가 적당한 것이다.

대로 해마다 담그는 거지요."

노종부에게 이제 간장 담그는 일쯤이야 식은 죽 먹기다. 운조루에서는 김장할 때 밭에서 배추를 다 뽑아내지 않고 남겨두어 겨울부터 봄까지 배추 요리를 즐긴다.

"겉에는 얼어 있지만 다듬어서 속을 보면 새파랗게 싱싱한 게 나옵니다. 우리는 이 배추로 겉절이도 해먹고, 쌈도 싸 먹고, 숙회나물도 해먹어요. 이런게 바로 농민의 밥상 아니겠습니까?"

노종부는 '농민'이라는 단어를 힘주어 말한다. 종부 이전에 농민인 게 좋다는 그는 여러 배추 요리 중 운조루 사람들이 특히 좋아하는 '배추숙회나물'을 선보인다.

배추숙회나물

1 배추의 시든 겉잎은 떼어내고 깨끗이 다듬는다.

2 끓는 물에 소금을 약간 넣은 뒤 배추를 넣어 가볍게 데친다.

3 삶은 배추를 건진 뒤, 찬물에 헹궈 물기를 꼭 짠다.

4 조선간장에 다진 마늘, 깨소금, 참기름을 살짝 더해 조물조물 무친다.

운조루에서만 60년간 상을 차려온, 농민을 자처하는 종부의 시골밥상에는 오랜 시간을 지나온 세월의 더께가 내려앉았다. 시대가 변해도 절대 변하지 않는 것, 아니 변해서는 안 되는 것들을 운조루에서 배운다.

❖ 문화 류씨 운조루

전남 구례군 토지면 운조루길 59 | 061-781-2644

김해 배씨
한무종가

:: 가시오갈피백김치와 가시오갈피오리백숙

영험한 산의 기운이 감싸는 곳

가보家寶라고 하면 보통 문전옥답이라든지 선인들이 남긴 책이나 관련 유품, 아니면 도자기 같은 고미술품을 생각하기 쉽다. 그러나 근래에 생긴 종가들은 그 역사가 짧다 보니 가보가 각양각색이다. 그중에서도 김해 배씨 한무종가의 가보는 가장 독특하다고 할 수 있다. 경남 합천군에 위치한 한무종가는 '한무도韓無道'라는 무예를 가보로 잇고 있다.

대개 합천 하면 제일 먼저 가야산과 해인사를 떠올린다. 가야산은 조선 8경의 하나로 꼽히는 주봉 상왕봉을 중심으로 두리봉, 남산, 비계산 등 해발 1,000m가 넘는 고봉들이 마치 병풍을 두른 듯 둘러싸고 있다. 특히 매표소에서 해인사까지 이어지는 홍류동 계곡의 아름다움은 해인사와 함께 가야산의 백미로 손꼽힌다.

가을의 단풍이 너무 붉어서 계곡의 물이 붉게 보인다 하여 이름 지어진 홍류동 계곡은 봄·가을이면 그 시원시원하고도 오밀조밀한 아름다움이 이루 말할 수 없다. 가야산과 홍류동 계곡이 본격적으로 유명세를 타게 된 것은 아무래도 성철 스님의 영향이 크다.

가야산 백련암에서 수도했던 성철 스님은 '산은 산이요, 물은 물이로다' 라는 법어로 그야말로 센세이션을 일으켰는데, 사람들이 성철 스님이 말씀하신 산과 물을 가야산과 홍류동으로 해석하여 너나 할 것 없이 이곳을 찾아 오묘하고 빼어난 산세에 탄복하는 것이다.

그렇지만 합천에는 가야산만 있는 것이 아니다. 합천군에서 소개하는 합천 8경 중, 1경이 가야산, 2경이 해인사, 3경이 홍류동 계곡이니 3경 전부 가야산과 관련이 있고 나머지 경치들도 산과 연관이 있다. 4경은 가야산의 지맥인 매화산인데, 산세가 웅장하면서 가야산에 버금가는 다양한 산세를 지녔기에 '가야남산'이라고 부르기도 하고, 불가에서는 천 개의 불상이 능선을 뒤덮고 있는 모습과 같다고 하여 '천불산'으로 부른다. 그러나 가야남산이나 천불산이라는 이름보다 '매화산'이라는 대표 이름을 갖게 된 것은 기암괴석들이 마치 매화꽃이 만개한 것 같은 아름다운 비경 덕분인데 실제로 봄에 만개해 수많은 관광객들을 불러 모으는 것은 철쭉이니 이름을 바꿔야할 판이다.

무엇보다 매화산의 정상, 남산 제1봉은 날카로운 암봉 7개가 차례로 늘어서 장관을 이루는데, 이 봉우리가 화기火氣의 봉이라서 해인사가 창건 이래 일곱 번이나 화마를 겪었다고 전해진다. 해인사의 화재를 막기 위해 단오 때마다 매화산의 남산 제1봉에 소금을 묻혀 화기를 잠재우기 시작했는데, 그 후부터는 화재가 없다고 한다. 요새는 소금을 묻히는 게 아니라 소금 단지를 묻는데, 이 소금단지 매몰 행사가 해인사의 대표적인 연례 중 하나로 자리 잡았다니 참 재미나다.

마지막 8경 역시도 산이다. 모산재로 불리는 모산이 그 주인공인데, 산 전체가 하나의 거대한 바위덩어리로 보이는 모산재는 한 폭의 한국화를 꼭 빼닮았다. 바위틈에서 살아가는 소나무의 모습이 화폭을 그대로 옮겨놓은 듯하다. 띠를 의미하는 '모茅'는 여러해살이풀로서 예부터 풀 중 가장 순결하고도 근원이 되는 풀로 여겨졌다. 차례나 제사를 지낼 때 모사기茅沙器에 모래를 담아 꽂는 게 바로 모다. 모산은 순결한 산을 의미하며 정상에는 순결바위가 있는데, 이 순결바위에는 평소 생활이 깨끗하지 못한 사람이 바위틈으로 들어갈 경우에는 빠져나오지 못한다는 전설이 전해지고 있다.

가야산과 매화산, 모산재까지 영험한 산의 기운이 감싸고 있는 합천에 무예 집안이라 할 수 있는 김해 배씨 한무종가가 위치한 것이 결코 우연은 아닌 듯하다.

한무도의 본산, 한무종가

한무종가 종택을 찾는 사람들은 입구에서 꼭 한 번 놀란다. 일반적으로 생각하는 한옥이 아니라 폐교를 개조한 집이기 때문이다. 안으로 들어서면 운동장에서 제자들을 가르치고 있는 한무도의 영주, 김해 배씨 한무종가 4대 종손 배병호 씨를 만날 수 있다.

한무도는 조선 말기 경북 경주시의 기림사에서 전래되었으며, 한무도라는 명칭은 한무종가의 중시조中始祖*인 기산 배성전寄山 裵性廛이 1888년에 조선 성리학을 기초로 오행을 적용한 '오기법五技法'을 정리해 '대한 한무도'라 명명한 데서부터 기인한다. 기산 배성전은 끊임없이 한민족을 괴롭히던 외세로부터 자존과 정기를 지키고자 한양에 '기산서숙도장'을 열어 문하에 많은 무사를 배출해 흥사단 등에서 활동토록 하여 일제를 견제했다. 하지만 일본강점기와 한국전쟁, 유신 등 굴곡진 시대 상황으로 거의 사라질 뻔한 한무도는, 현재의 종손 배병호 씨가 무예인이 아니라 일반인들도 쉽게 수련할 수 있도록 현대적으로 재정비하면서 다시금 세상의 빛을 보고 있다.

한무종가의 원래 종택은 경주였는데 댐을 만드느라 수몰되어 합천으로 보금자리를 옮겼다. 폐교를 사서 종택으로 꾸민 지가 거의 10년이 다 되어가는데, 이제는 제법 살림집과 수련장으로서의 면모를 갖췄다. 요즘엔 캠핑이 대세인지라 한무도인뿐만 아니라 일반인들에게도 캠핑장으로 종택을 활용하고 있으니 고지식한 무인이 아닌 트렌드에 발맞춰가는 종가라 할수 있겠다.

"우리 부부 둘만 생활하는 게 아니라 한무도를 배우러 어쩔 때는 수련생들이 100명씩 들이닥치기도 합니다. 그분들을 다 건사하려면 일반 가정집으로는 어림없잖아요. 이 정도 규모는 되어야 많은 인원이 어려움 없이 지낼 수 있지요. 이 폐교가 우리 한무종가와는 정말 운명이었나 봐요. 수련생들도 늘고, 한무도도 알려지니 얼마나 좋습니까? 어떤 분들은 불편하지 않

* 쇠퇴한 가문을 다시 일으킨 조상

느냐고 걱정하시지만 저는 정말 행복합니다."

이쯤 되면 종부 안숙희 씨의 내공도 보통이 아니라는 걸 알 수 있다. 종부 이전에 젊은 여인으로서 어찌 폐교를 개조한 집이 마음에 들었을까 싶은데, 이 모든 것을 숙명으로 받아들이고 즐겁게 지낸다고 한다.

'한 묶음의 가시오갈피는 한 마차의 금옥보다 낫다'

이 댁의 텃밭에는 30여 그루의 가시오갈피 나무가 자라고 있다. 전부 예전에 있던 경주 종택에서 뿌리째 뽑아와 다시 심은 것이다. 대개 '가시오가피'라고 부르지만 정식 이름은 '가시오갈피'이다. 가시오갈피 나무의 속명은 아칸토파낙스Acanthopanax이다. 아칸토Acantho는 '가시나무'를 뜻하고 파낙스panax는 '만병을 치료한다'는 뜻이니, 아칸토파낙스는 '만병을 치료하는 가시나무'로 해석할 수 있다. 동양에서도 가시오갈피의 효능이 인삼보다 좋다고 알려졌다. 《본초강목》에서도 '한 묶음의 오갈피는 한 마차의 금옥을 갖는 것보다 낫다'고 기록되어 있으니 동서양을 막론하고 가시오갈피의 빼어난 약리 효과가 인정받은 셈이다.

장독이 주르륵 늘어선 것이 이제는 웬만한 살림집보다 정리가 잘 되어 있는 종택의 마당에는 종부가 특히 아끼는 장독 하나가 있다.

"이 못생기고 평범한 항아리가 우리 집의 보물입니다. 오래전부터 전해져 오는 거예요. 제가 4대 종부인데, 기산 선생님의 윗대 할아버지 때부터

한무종가 텃밭에서 자라고 있는 가시오갈피 나무   3개월간 숙성시킨 가시오갈피 열매 진액

전해온 거라 하더라고요. 적어도 7대째 물려온 항아리입니다. 저도 우리 아들한테 보물로 물려줄 거예요."

보물 장독에 든 것은 가시오갈피 열매 진액이다. 이 댁에서 거의 모든 요리에 사용하는 가시오갈피 열매 진액은 매실진액과 만드는 방법이 같은데, 가시오갈피 열매와 설탕을 일대일 비율로 섞어 3개월간 숙성시키면 된다. 물도 가시오갈피 나무를 끓인 물만 마실 정도로 가시오갈피를 섭취하는 것이 일상이라고 하니, 가시오갈피야말로 한무종가의 요리 비법이자 건강 비법이다.

가시오갈피 물, 가시오갈피 열매 진액과 함께 한무종가에서 즐겨 먹는 보양식이 있다. 역시나 가시오갈피를 넣어 만든 '가시오갈피오리백숙'이다. 저지방 고단백 알칼리성 식품인 오리는 예부터 닭과 더불어 보신용으로 각광 받았는데, 혈액순환을 돕고 해독작용도 있어 오장육부를 편하게 해준다. 가시오갈피를 듬뿍 넣은 오리백숙과 함께 선보일 음식은 '가시오갈피백김치'이다. 종부가 요리하는 동안 종손도 곁에서 손을 거든다. 남자는 부엌 근처에도 못 오게 했던 시절을 생각하면 낯설고 격세지감마저 느껴지지만 세월이 흐를수록 두 사람은 이렇게 친구가 되어간다.

가시오갈피 백김치

1 찹쌀가루에 물을 부어 묽게 푼다.

2 찹쌀풀을 거품이 호로록 올라올 때까지 끓여서 식힌다.

3 배추는 결을 따라 길게 죽죽 찢고, 무는 먹기 좋게 자른 뒤 소금에 30분 정도만 절였다가 깨끗하게 씻는다.

4 식힌 찹쌀풀에 절인 배추와 무, 쪽파, 얇게 썬 생강, 고추, 마늘을 넣는다.

5 마지막으로 가시오갈피 열매 진액을 체에 걸러 넣는다.

종부의 요리 TIP

"가시오갈피 열매 진액을 넣으면 빛깔도 고와지고, 백김치가 삭으면서 가시오갈피 열매 진액의 새콤한 맛과 어우러져 한층 더 시원한 맛을 냅니다."

6 상온에서 하루를 삭힌 뒤 냉장 보관한다.

●가시오갈피의 영양학

생긴 것이 산삼을 쏙 빼 닮았는데 '오가五加'라는 한자는 잎이 산삼과 같이 5개가 붙은 식물이라는 뜻이다. 이 오가피의 한자 표현을 오래 사용하다 보니까 '오갈피'라는 받침이 붙게 되었는데, 깊은 산속 그늘지고 부식질이 풍부한 토양에서 자라는 생태적 특성도 산삼과 마찬가지다. 우리나라에서는 뿌리, 줄기, 잎, 열매, 꽃 모두를 약용으로 사용해 왔는데 특히 신경통, 관절염, 고혈압, 신경쇠약, 당뇨 및 강장제로 널리 애용하고 있다.

가시오갈피 오리백숙

1 먼저 된장을 푼 물에 오리를 삶아 잡냄새를 없앤다.

2 오리를 삶은 물은 버리고 깨끗한 물로 오리를 씻는다.

3 오리 배 속에 대추, 마늘, 은행, 당귀, 황기 등의 한약재를 넣고 가시오갈피 나뭇가지로 나머지 속을 꽉 채운다.

4 압력솥에 넣어 30분 정도 센 불에 끓이다가 중불로 낮춰서 30분쯤 더 푹 고면 된다.

●오리의 영양학

오리는 육류 중 유일한 알칼리성 식품으로 콜레스테롤 함량이 낮은데다 불포화 지방산과 필수 아미노산이 풍부하다. 오리고기를 섭취하면 다른 육류를 섭취할 때와 달리 체내에 지방이 축적되지 않아 동맥경화나 고혈압 등 심혈관계 질환의 위험이 낮아 성인병 예방에 특히 좋다.

담백한 오리백숙에 백김치 한 쪽을 쭉 찢어 올리면 먹기 전에 벌써 기운이 솟는다. 고기를 다 먹었다 싶으면 불린 찹쌀을 넣어 끓인 오리영양죽으로 원기를 북돋운다. 한무도라는 자부심으로 똘똘 뭉친 김해 배씨 한무종가 사람들은 가시오갈피오리백숙과 가시오갈피백김치로 오래토록 원기충만할 것이다.

❖ 김해 배씨 한무종가

경남 합천군 청덕면 강북로 420 | 055-934-1657

4대 종손 배병호 010-6558-5329

http://hanmoojongga.co.kr

〈한무도〉 홈페이지 http://www.hanmoodo.co.kr

원주 변씨
간재종가

:: 두릅콩가루찜

천년불패의 땅, 안동 금계마을

경북 안동시 서후면 금계마을. 안동을 대표하는 전통 반촌班村 금계마을은 마을의 지세가 거문고와 같이 생겼다 해서 '금지琴地'라 불렸으나 학봉 김성일이 둥지를 틀면서 '금계'라 고쳐 불렀고, 안동 사람들은 흔히 '검제'라 부른다. 금계마을은 일명 '천년불패의 땅'으로 유명하다. 안동을 지키는 학가산과 천등산의 보호를 받는 땅, 안동부의 읍지邑誌인 《영가지永嘉誌》*에서 이곳을 천년불패지지千年不敗之地, 즉 '천 년 동안 재앙이 없는 영험한 땅'이라 명명했다.

고려의 왕건을 도와 후백제의 견훤을 물리치는 데 공을 세운 삼태사三太

* '영가'는 안동의 옛 이름이다.

師의 묘가 일대에 있는 금계에 처음 입향한 가문은 고려 말의 흥해 배씨였다. 이후 조선 전기에는 흥해 배씨 외에도 경주 이씨, 안동 권씨, 진주 하씨, 원주 변씨 등 많은 명문가가 인척관계로 출입하면서 세거했다. 그리하여 학봉 김성일, 경당 장흥효, 간재 변중일 등 수많은 석학들을 배출하며 유가의 대표적인 산실로 자리 잡았다.

하늘이 낳은 효자, 간재

간재 변중일簡齋 邊中一, 1575~1660은 '하늘이 낳은 효자'라 알려졌는데, 공부를 시작한 일곱 살 때 사람들에게 어버이를 섬기는 데 가장 도움이 되는 책이 무엇인지 물어《효경孝經》이라 답을 얻자 효경부터 배우겠다고 했다. 바깥에서 놀다가도 배와 감 같은 과일을 얻게 되면 품에 넣어 가지고 와 할머니께 드린 그의 효성은 행장行狀에 다양한 이야기로 전한다.

어느 날 모친이 큰 병에 걸렸는데 의원이 꿩고기를 고아 먹어야 나을 수 있다고 처방했다. 안타깝게도 폭설이 내려 산에 들어가도 꿩을 잡을 수 없어 간재가 애를 태웠는데, 우연히 꿩 한 마리가 방으로 날아들어 이를 모친께 고아 드리자 병이 나았다고 한다. 마을 사람들은 간재의 효심이 하늘에 닿았기 때문이라고 칭송했다.

이런 일화도 전해진다. 임진왜란 때의 일이다. 왜적이 침입해 안동까지 쳐들어 왔으나, 당시 18세였던 간재는 어머니에 할머니까지 모시고 있는 터라 피란을 갈 수가 없었다. 특히 늙은 조모는 여름에 이질까지 만나 몸을 움직일 수 없이 위중했다. 왜적이 총을 쏘며 마을을 덮치자 간재는 먼저 어머니를 빽빽한 삼밭 속에 피신시키고 곧 조모를 옮기려 했으나 할머니가 숨이 넘어갈 지경이어서 도저히 피신을 시킬 수가 없었다. 어쩔 수 없이 간재는 할머니 곁을 지켰고 곧 집을 습격한 왜병의 눈에 띄어 칼에 맞아 쓰러질 지경에 이르렀다. 이때 간재가 간곡하게 청했다.

"조모가 금년에 여든이 되는데, 나 같은 불효한 손자는 죽어도 괜찮지만 우리 조모만큼은 제발 꼭 살려주시오!"

간재의 울부짖음에 왜병들도 감응하며 "실로 하늘이 낳은 효자로다. 우리가 떠나고 난 뒤에 다른 왜병이 오면 화를 당할 수 있으니 이것을 징표로 삼으면 안전할 것이다"라며 일본 부대의 깃발과 칼 한 자루를 건네고 떠났다. 당시 왜병에게 받은 길이 120cm의 일본도는 지금도 간재종가의 가보로 전하는데, 집 안에서도 아무나 볼 수 없을 정도로 철두철미하게 보관한다고 한다.

간재는 나라에도 더 없이 충성했다. "군신간의 윤리는 하늘이 내린 법이고 땅이 정한 의리이다. 지금 임금이 피란길에 오르고 종묘사직이 폐허가 되려는데, 나 같은 초야의 미신微臣이라도 나라의 위급을 구하기 위해 어찌 충성을 다하지 않겠는가?"

임진왜란 때는 쌀 100석을 군량미로 실어 보낸 뒤 곽재우 진중으로 가서 기무에 종사했고, 정유재란 때는 창녕 화왕산으로 달려가 적들을 막아냈다. 왜란이 평정된 후 친족들이 간재의 효행을 나라에 보고하려 했지만 간재는 눈물을 흘리며 내세울 일이 아니라 극구 말렸다.

1649년에 인조가 승하하자 간재는 노쇠한 몸으로 곡기를 끊었고, 인산

因山*과 소상小祥**, 대상大祥**때는 북쪽을 바라보며 엎드려 통곡했다. 만년에는 고향 집 동쪽 언덕에 정자를 지어 '簡齋(간재)'라는 편액을 달고 자신의 호로 삼았다.

간재 별세 후 119년이 지나 경상감사가 지역 유림의 여론을 받아들여 그의 충효 행적을 보고하자, 1686년 숙종은 간재의 충효를 기리는 정문旌門과 각閣을 종택 앞에 세우게 했고, 간재는 불천위不遷位**로 제향되었다. 그는 만년에 남긴 시「술지述志」에서 일평생 효행을 실천하면서도 겸손했던 자신의 삶을 속삭인다.

慕古是何人　　옛 사람 사모하는 나는 어떤 사람인가

庶幾守我眞　　오직 내 참 성품 지키기 바랄 뿐

莫論世外事　　세상 밖의 일 말하지 않고

甘作中身　　　달갑게 농사꾼이 되었네

親歿難爲孝　　어버이 돌아가실 때 효도하기 어려웠고

才疏竟不伸　　재주 없어 끝내 뜻 펼치지 못했으니

經營伊昔志　　세상을 경륜해 보려던 건 그 옛날의 뜻일 뿐이고

無復更靑春　　청춘은 이제 다시 돌아오지 않을 것이네

* 장례
** 사후 1년 만에 지내는 제사
:** 사후 2년 만에 지내는 제사
:: 나라에 큰 공훈이 있어 신주를 땅에 묻지 않고 사당에 영구히 모시기를 나라에서 허락한 신위神位

부친의 선물, 열친회

숙종이 하사한 정충효각이 기품을 더하는 간재종가. 한 사람이 충과 효를 겸비해 정려旌閭를 받는 것은 아주 특별한 경우라 정충효각은 간재정과 더불어 종택의 자랑거리다. 간재종택과 간재정은 경북 민속문화재 제131호로 지정되었는데, 번듯한 홍전문紅箭門*을 비롯한 다양한 건물들이 독특한 공간 배치를 자랑하고 있다.

특히 사랑채의 여러 기둥 중 하나가 볼거리다. 둥근 나무 기둥 주위로 팔각형의 누하가 두르고 있는데 이는 곧 '천원지방天圓地方' 사상을 담은 것이다. 천원지방의 표면적 의미는 '하늘은 둥글고 땅은 네모지다'는 것이지만, 이는 하늘의 덕성은 원만하고 땅의 덕성은 방정하다는 의미로 '하늘과 땅, 그 대자연 속에서 조화를 이루는 인간 역시도 하나다'라는 뜻을 지녔다고 한다.

"누마루가 아래는 팔각형이고 위 기둥은 둥근 형태로 되어 있는데, 이게 저희 집만의 특별한 건축 구조로 알고 있습니다. 다른 데서는 볼 수 없는 구조이죠."

간재종가의 11대 종부 주영숙 씨는 현재 종택에 살고 있는 것은 아니지만 한 달에 두 번 대구에서 하는 종부 모임에도 빠지지 않을 정도로 열정적이다. 종부 모임에서도 막내이고 종가에 와서도 위로 9명의 시누이를 모시고 있으니 막내나 마찬가지다. 하지만 명색이 종부인데다 '열친회'의 수장

---

* 충신, 효자 등을 표창하여 집이나 마을 앞, 능, 관아 등에 임금이 세우도록 한 붉은 나무문

원주 변씨 간재종가 종택

홍전문

간재정

이라는 완장을 차게 되면 말은 달라진다.

"저희는 정말 가족 모임을 즐깁니다. 제사와 명절 말고도 8월 15일마다 모여서 2박 3일이고 3박 4일이고 친교의 시간을 가지지요. 모임의 이름이 '열친회'다 보니 형제자매가 10명이냐 하는 말을 많이 듣는데 그건 아니고요, 한 명 더 많습니다. 위로 형님 아홉 분과, 서방님이 한 분 계시지요. 전부 11명의 대가족이 자주 함께 모여 시간을 갖습니다."

돌아가신 시아버지는 종손의 이름 '성렬' 중 마지막 '렬'자를 따서 '열친회'라는 모임을 만들게 했다. 그리하여 2남 9녀의 다복한 형제자매들은 그 유지를 받들어 '열친회' 모임을 그야말로 열렬하게 이어 나간다. 요즘처럼 형제자매들이나 친지들끼리 어울리기 쉽지 않은 세상에 말이 2남 9녀지, 이들이 화합한다는 것은 여간 힘든 게 아니다. 과연 충과 효로 이름 높은 간재의 후예들이라 할 수 있겠다.

산채의 제왕, 두릅

'목말채', '모두채'라고 부르는 두릅은 땅두릅과 나무두릅이 있다. 땅두릅은 4~5월에 땅에서 돋아나는 새순을 잘라낸 것이고, 나무두릅은 나무에 달리는 새순이다. 자연산 나무두릅은 채취량이 적어 가지를 잘라다 온실재배로 키우는데, 간재 댁의 뒷산에서는 자연산 나무두릅을 구할 수 있어 해마다 이맘때면 나무두릅을 맛보기 위해서 열친회가 종종 모인다.

"두릅을 가지고 할 수 있는 요리가 많습니다. 제일 흔한 게 데쳐서 초고추장에 찍어먹는 '두릅회'이고, 두릅하고 쇠고기를 꼬치에 꽂아서 산적으로 요리하는 '두릅누름적'도 있습니다. 그 외에 두릅무침, 두릅찜 등 요리하

나무두릅

기에 따라 다양한 맛을 낼 수 있지요."

　살짝 데친 뒤 초고추장에 찍어 먹는 두릅회는 두릅의 사포닌과 비타민
이 파괴되지 않아 항암작용은 물론 혈당 조절에 효과적이어서 당뇨 환자에
게 특히 좋다.

　간재종가에서 즐겨 먹는 두릅 요리는 '두릅콩가루찜'이다. 두릅과 콩가
루의 만남이라니, 이름에서부터 건강함이 느껴지는 듯하다.

두릅콩가루찜

1 밑동과 잔가시를 제거해 손질한 두릅을 깨끗이 씻는다.

2 물기가 적당히 남은 두릅과 콩가루를 봉지에 넣고 흔들
어 골고루 버무린다. 두릅에 물기가 약간 있어야 콩가루
옷이 잘 묻는다.

종부의 요리 TIP
"영남 지역, 특히 봉화나 안동 지역에서는 요리할 때 콩가루를
굉장히 많이 씁니다. 고기 대신 단백질 주공급원이었던 콩가루
는 웬만한 요리에 다 활용되지요. 다른 데서는 꽈리고추찜이나
두릅찜을 할 때 밀가루를 쓰겠지만 저희는 콩가루를 써서 영양
을 더합니다."

3 콩가루에 버무린 두릅을 찜기에 넣고 5분만 찐다.

종부의 요리 TIP
"5분 이상 익히면 안 돼요. 찜기에서 꺼내도 남아 있는 뜨거운
기운으로 더 익기 때문에 5분이면 충분해요. 더 익히면 맛도 영
양도 날아갑니다."

●두릅의 영양학

두릅은 몸에 활력을 공급하고 피로를 풀어준다. 콜레스테롤을 녹여서 배설해 주는 효능이 있기 때문에 고혈압과 동맥경화에 좋다. 봄 두릅은 다른 봄나물과 달리 단백질이 풍부하며. 사모닌 성분이 풍부해 면역력을 강화시킨다.

4 간장에 다진 마늘과 고춧가루, 깨소금을 넣고 마지막으로 참기름을 한 큰술 넣어 양념장을 만든다.

5 양념장을 부어 조물조물 버무린다.

6 간장양념에 잘 버무린 두릅콩가루찜에 실고추와 깨소금을 얹어 마무리한다.

산채의 제왕으로 차린 제왕의 상. 종부와 열친회의 세 종녀가 모여 뒷산에서 갓 딴 나무두릅으로 솜씨를 발휘했다. 친자매 못지않게 다정한 모습 속에 간재종가의 효가 흐른다.

❖ 원주 변씨 간재종가

경북 안동시 서후면 풍산태사로 2720-30 | 054-852-2345

11대 종손 변성렬 010-4596-6050   11대 종부 주영숙 010-8829-5223

의성 김씨 만회고택

:: 쑥버무리와 쑥국

퇴계 이황이 사랑한 '청량산'과 이몽룡의 고장 '봉화'

백두대간 태백산과 소백산 중앙에 자리 잡은 영남의 최북단, 경북 봉화군에는 12개의 빼어난 봉우리가 절경을 이뤄 소금강小金剛으로 불리는 청량산이 있다. 주왕산, 월출산과 함께 한국의 3대 기악奇嶽으로 불리는 청량산은 퇴계 이황의 산이라고도 불린다. 퇴계는 도산서원을 근거로 하여 후학을 가르치며 학문을 연구하다가 수시로 청량산으로 들어가 수도하였다. "청량산에 가보지 않고서는 선비 노릇을 할 수 없다"고 말하며 스스로를 청량산인이라고 부를 정도로 이 산을 매우 사랑한 퇴계는 청량산에 대한 51편의 시를 남겼고, '청량산록발淸凉山錄跋'이라는 글도 썼다. 퇴계가 거처하며 학문을 연구하던 자리에 후인들이 기념으로 세운 청량정사淸凉精舍가 지금도 남아 있다.

살에서 수박 향이 난다는 은어. 이 은어 축제*로 유명세를 더하는 봉화에 가면 성춘향전의 남자 주인공 이몽룡의 실제 모델인 조선 중기의 문신 계서 성이성溪西 成以性, 1595~1664을 만날 수 있다. 인조와 효종, 현종까지 3대 임금을 모신 성이성은 곧은 말을 하여 다른 신하들의 견제를 받은 탓에 관직은 높이 오르지 못하였으나 강계부사 때에는 삼세蔘稅**를 모두 면제해주어 백성들이 '관서활불關西活佛*'이라 칭송할 정도였다. 왕의 돈독한 신임 덕분에 진주부사 등 6개 고을 수령을 지내고 암행어사로도 세 번씩이나 나가 민정을 살폈다.

이곳 봉화가 고향인 성이성은 남원부사로 부임하는 부친 성안의를 따라 전라도 남원에 머무르게 되는데, 이때 기생 한 명을 만나 마음을 주게 되고 훗날 암행어사가 되어 호남지역을 순행하다가, 남원을 들러 옛 연인을 찾는다는 기록이 있다. 조선시대의 로맨티스트이자 영원한 춘향의 정인인 이몽룡의 실제 모델인 성이성의 흔적은 봉화군 물야면 가평리에 있는 '계서당溪西堂'에서 찾을 수 있다. 중요민속문화재 제171호로 지정된 계서당에는 근검과 청빈으로 이름 높았던 성이성을 기리는 사당과 임금이 내린 어사화 등이 있다.

---

* 매년 7~8월 경북 봉화에서 열리는 축제로 은어잡이, 수중 달리기, 승마 체험 등의 체험 행사와 은어가요제, 은어 전시관 관람 등 다채로운 행사를 만끽할 수 있다.
** 조선시대에 백성들에게 부과하던 세 가지 세금으로 토지를 단위로 부과된 전세田稅·가호를 단위로 부과된 공부貢賦·사내의 신역身役대신 부과된 군포軍布를 뜻한다.
** 관서지방의 살아 있는 부처

남원은 춘향, 봉화는 이몽룡이라 하여 요즘은 많은 이들이 영남 선비의 고고한 도령 채취를 느끼려 봉화를 방문한다. 이몽룡의 고장으로 이제야 이름을 드높였지만, 사실 봉화는 예부터 은은한 묵향과 지조 높은 선비의 고장으로 유명했다. 충재 권벌 선생의 2대손 권래가 세운 정자, 찬물과 같이 맑은 정신으로 수학하라는 한수정寒水亭을 비롯해 무려 100여 개의 정자가 있는데, 이는 전국에서 가장 많은 숫자를 기록한다.

파리평화회의와 만회고택

뿌리 깊은 유림들은 흔들리는 조선의 국운 앞에서 그 뜻을 모았다. 의성 김씨 집성촌인 봉화읍 해저리 바래미마을은 우리나라의 독립 역사가 생생

의성 김씨 만회고택

히 살아 있는 곳으로 이 작은 마을이 배출한 독립 유공자만 하더라도 무려 14명이다. 마을이 강 하류보다 낮은 바다였다는 뜻으로 해저海底, 혹은 바래미(바다 밑)라 불린 마을에서는 수십 년 전만 하더라도 조개껍질이 나왔다고 한다.

해저리 바래미마을에서도 독립운동의 거점이 된 곳이 있다. 중요민속문화재 제169호인 해저 만회고택海底 晚悔古宅은 조선 말기의 문신 만회 김건수晚悔 金建銖, 1790~1854가 살던 곳인데, 김건수의 6대조가 마을에 살던 여씨로부터 샀다고 전해지긴 하나 정확한 연원은 알지 못한다. 단 만회고택의 사랑채인 명월루는 김건수가 직접 지은 것으로 1850년(철종 1년)에 대규모 수리를 했다.

만회고택이 전국적으로 이름을 떨치게 된 데는 3·1운동 직후 심산 김창숙을 중심으로 지역 유림들이 이곳에서 파리평화회의에 제출한 독립청원서를 작성한 유서 깊은 곳이기 때문이다.

심산 김창숙心山 金昌淑, 1879~1962은 일제에 항거해 불굴의 지조를 보여준 조선의 선비이다. 그는 혹독한 고문 때문에 하반신 장애, 즉 앉은뱅이의 몸이 되면서 스스로를 '벽옹躄翁'이라 불렀다. 일본인 재판장이 본적이 어디냐고 물으면 심산은 "나라가 없는데 본적이 어디 있냐?"고 반문하며 재판을 거부했고, 일제의 참혹한 고문에도 "죽는 한이 있더라도 결코 정보를 발설치 않겠다!"고 소리쳐 일본인들의 기를 꺾어놓았다.

김창숙은 어려서부터 한학과 성리학을 수학한 선비였다. 그는 "성인의 글을 읽고도 성인이 세상을 구제한 뜻을 깨닫지 못하면 그는 가짜 선비다. 우리는 무엇보다 이런 가짜 선비를 제거해야만 비로소 치국평천하治國平天下

의 도를 논하는 데 참여할 수 있을 것이다"고 하며 선비정신을 민족 문제와 따로 두지 않았다.

1905년 치욕스런 을사늑약이 체결되자 그는 부랴부랴 스승을 따라 상경해 대궐 앞에서 상소를 올렸는데, 그 제목이 '청참오적소請斬五賊疏'였다. 풀이하면 '다섯 역적의 목을 베소서'라는 뜻으로, 조약 체결에 적극적으로 가담한 이완용, 이지용, 박제순, 이근택, 권중현을 처단하라는 내용이었다. 그러나 그 뜻이 이뤄지지 않자 귀향해서 국권회복운동에 뛰어들었다.

심산은 1919년 3·1운동 직후 지역 유림 137명을 모아 전문 2,674자에 달하는 장문의 독립청원서를 작성해 파리평화회의에 보냈다. 임시정부는 이것을 다시 영문으로 번역해 한문 원본과 같이 3천 부씩 인쇄해 파리평화회의는 물론 중국과 국내 각지에 배포했는데, 이를 '파리장서운동'이라 한다. 이 운동은 유림들의 독립을 향한 의지를 보여주며 독립운동사에 한 획을 그었고, 국내외적으로 큰 반향을 일으켰다. 비단 파리장서운동뿐만 아니라 심산과 지역 유림을 중심으로 하는 영남의 독립운동 중심부는 바로 이곳 만회고택과 명월루였다. 특히 만회고택의 주인인 김홍기 씨는 애국지사들의 주요 연락책으로 맹활약했다.

"독립운동 하시던 분들이 만회고택에서 더러 거처하셨지요. 파리장서운동 때 바로 여기 명월루에서 독립청원서를 썼습니다. 그게 바로 엊그제 같네요."

만회고택의 5대 안주인 정숙진 씨는 심산과 시아버지 김홍기 씨를 추억한다. 만회고택은 의성 김씨 팔오헌 김성구* 종가의 사파종가私派宗家로 엄연히 말하자면 종가는 아니다. 하지만 만회 이하 4대 봉사奉祀를 지내는 명문가로서 여느 종가보다 더 기품이 서려 있다. 정숙진 씨는 자신을 그냥 종부라고 불러도 될 법 한데 한사코 안 된다고 한다.

"엄연히 한 동네에 팔오헌 종가가 있는데, 어찌 감히 종부라 하겠습니까? 저는 만회고택 주부입니다."

애국지사들의 든든한 한 끼

산으로 둘러싸인 봉화는 추위가 오래 머무른다. 날씨 탓인지 다른 지역에서는 쑥이 지천일 때야 슬그머니 쑥이 올라온다. 어린 쑥은 향이 강하지 않아 어떤 요리에 넣어도 잘 어울리고 맛을 돋운다. 봉화에서는 음력 3월 무렵부터 이 어린 쑥으로 만든 '쑥버무리'를 즐긴다. 향긋한 내음으로 봄이 왔음을 알리는 별미 중 하나인 쑥버무리는 지역에 따라 '쑥범벅', '쑥설기'라 부르기도 하는데 경북 지역에서는 쑥버무리라 불러왔다. 이 지역에서 언제부터 쑥버무리를 해먹었는지는 알 수 없으나, 쑥버무리와 비슷하게 만드는 쑥설기에 대한 내용을 조선 중기 이수광이 지은 《지봉유설芝峰類說》에서 찾을 수 있고, 고려에서는 상사일(삼짇날)에 쑥떡인 청애병靑艾餅을 만들어 먹었다고 전한다.

---

* 조선 후기의 문신으로 본관은 의성이며, 호는 팔오헌八吾軒이다. 국가재정에 대해 비용과 내탕비를 줄여 진휼비를 보충하는 일과 경사를 열심히 강론해 치도治道를 구하는 일 등 수천 언의 소를 올렸고, 갑술환국으로 노론이 득세하자 향촌으로 물러나 서사를 즐기다 일생을 마쳤다. 안동의 백록사柏麓祠에 제향되었고, 《팔오헌집》을 남겼다.

"쑥을 쌀가루에 버무리니까 '쑥버무리'라고 하는데 '눈떡'이라고도 불러요. 나무에 눈이 붙은 것처럼 예쁘게 보이잖아요."

쑥은 대표적인 구황식품 중 하나로, 산간 지역이 많은 경북 일대에서는 춘궁기에 쑥을 채취해 한 끼를 대신했다. 배곯아 요리하는 쑥버무리에 '눈떡'이라는 이토록 낭만적인 이름을 붙이다니, 쑥에 대한 고마움과 애정이 물씬 전해진다.

"우리는 손님이 많다고 광고를 써 붙여야 할 정도로 손님을 많이 치르는 집이에요. 광복회 손님들도 얼마 전 한바탕 치렀고요. 동기회, 이일회, 범일회, 담수회 등 여러 독립운동 단체가 다녀갑니다. 태백산의 '태'자와 소백산의 '소'자를 딴 '태소회'도 주요 손님이시죠."

만회고택의 쑥버무리는 제때 식사를 챙기지 못하는 애국지사들의 든든한 한 끼인 동시에 부족한 영양을 보충할 수 있도록 한 아녀자의 지혜와 정성이었다. 한 끼 식사로 손색이 없는 쑥버무리와 함께 쑥을 이용한 이 댁만의 두 가지 국 요리로, '쑥국'과 '쑥된장국'이 있다. 일반 가정에서는 쑥국에 된장을 넣기 때문에 쑥국과 쑥된장국을 같은 음식으로 생각할 수 있으나 만회고택에서는 조리법을 달리 하여 두 가지 국 요리를 만든다.

쑥버무리

1 다듬은 쑥을 깨끗하게 씻어서 체에 받쳐 물기를 쫙 뺀다.

2 쌀가루에 설탕과 소금 간을 해서 쑥과 잘 섞는다.

3 찜통에 면포를 깔고 쌀가루에 버무린 쑥을 넣은 뒤 25~30분가량 찐다. 젓가락으로 찔러 봤을 때, 반죽이 묻어나오지 않으면 다 익은 것이다.

● **쑥의 영양학**

한국인의 건강식품으로 주목받는 쑥은 예로부터 5월 단오에 채취하여 말린 것이 가장 효과가 좋다고 한다. 마늘, 당근과 더불어 성인병을 예방하는 3대 식물로 피를 맑게 하고 혈액 순환을 도와 냉, 생리통 등 부인병에도 탁월한 효과가 있다. 비타민과 미네랄이 풍부해 간의 해독 기능과 지방대사를 원활하게 하며 피로회복과 체력 개선에 좋다. 그 밖에 해열, 해독, 살균, 진통 작용이 있어 코피가 나거나 상처가 났을 때, 생쑥을 비벼 붙이면 피가 곧 멈춘다.

쑥국

1 콩가루에 쑥을 버무린다.

종부의 요리 TIP

"우리 집에서는 쇠고기 대용으로 콩가루를 써요. 따로 육수를 내거나 된장을 풀지 않아도 콩가루에서 담백한 맛이 우러나오지요."

2 콩가루에 버무린 쑥을 냄비에 넣고 끓이면 콩가루가 엉키면서 달걀국처럼 보슬보슬해진다.

3 도라지, 고사리, 콩나물 등 냉장고에 있는 각종 나물들을 넣어 한 번 더 자작하게 끓인다.

종부의 요리 TIP

"우리는 제사가 많은 집이라 냉장고에 나물이 항상 많이 있어요. 그래서 걸쭉하게 끓인 쑥국에 남은 나물들을 넣어 밥과 함께 비벼먹어요. 명절 끝에 나물 반찬이 많이 남았을 때 어떻게 처리할까 고민하지 말고 이렇게 한번 드셔 보세요."

쑥된장국

1 대합을 삶아 육수를 만든다. 바지락을 쓸 때도 있지만 귀한 손님이 오시면 꼭 대합으로 육수를 내 풍미를 더한다.

2 체에 거른 된장을 대합 육수에 넣는다.

3 된장이 끓으면 쑥, 냉이, 달래, 파를 넣는다.

종부의 요리 TIP

"쑥국이라고 해서 쑥만 넣으라는 법이 있나요? 저희 집에서는 냉이, 달래 등 다른 봄나물들을 함께 넣어서 끓입니다. 쑥 향과 어우러져 향미가 더욱 좋아져요."

4 된장국에 밀가루 갠 물을 부어 약간 걸쭉하게 만든 뒤 마늘과 고춧가루로 간을 한다.

안타깝게도 얼마 전에 이 댁의 종손이었던 김정진 선생이 돌아가셨다. 1925년생이었던 그는 대구상업학교(現 대구상원고등학교)에 다니다가 비밀 항일학생결사조직 태극단에 가입해 활동했다. 부친이 파리장서운동 때 지역 유림들에게 서명 받는 일을 담당하고 독립운동을 위해 군자금 모집을 담당했던 데에 영향을 받은 것이다. 선생 역시 태극단의 비서장 및 관방국 경제부장으로 활동했는데, 1943년 3월 배반자의 밀고로 일본 경찰에 발각되면서 수업 도중 체포되고 말았다.

참혹한 고문을 가한 일본 경찰은 당시 미성년자였던 그에게 최고형인 단기 5년 장기 10년형을 선고했고, 대구형무소와 김천소년원 등에서 옥고를 치르던 선생은 광복이 되었을 때에야 겨우 풀려났다. 고문 후유증으로 동료 4명이 숨진 뒤였다.

그는 생전에 대통령 표창과 건국훈장 애족장을 받은 애국지사로 모교에서 후학지도를 한 뒤 정년퇴직했다. 그 후 고향 봉화로 돌아와 유림의 뜻을 받들며 태극단 동지회장을 맡았었다.

고택을 방문하는 손님들에게 사랑채인 명월루에 대한 이야기를 유창하게 들려주던 종손. 대를 이어 평생을 조국 독립을 위해 몸 바친 만회고택의 밥상 앞에 절로 고개가 숙여진다.

❖ **의성 김씨 만회고택** (숙박가능)
경북 봉화군 봉화읍 바래미1길 51 | 054-673-7939
6대 주손 김시원 010-7724-7280

진주 강씨
만산고택

:: 산갓챗물과 곰취쌈나물

억지춘향의 고장, 봉화 춘양면

'억지춘향'이라는 말이 있다. 춘향전에 나오는 변 사또가 억지로 춘향에게 수청을 들게 한 데서 기인했다는 설도 있지만 많은 이들이 '춘양목'에서 그 연원을 찾는다. 춘양목의 명성이 높다 보니 나무 장사하는 사람들이 일반 소나무를 억지로 춘양목이라 속여 파는 일이 잦아서 '억지춘양'이라는 말이 생겼는데 이것이 억지춘향으로 잘못 불렸다는 것이다. 또 하나, '춘양역'과 관련되어 있기도 하다. 일본 강점기 때는 춘양목을 육로로 수송할 수 없어서 낙동강을 타고 뗏목으로 옮겨야 했다. 그러다 영동선이 개설될 때 직선으로 설계돼 '춘양'을 거칠 일이 없음에도 불구하고 한 국회위원의 억지로, 출로를 춘양 쪽으로 우회시켰다 해서 '억지춘양'이 나왔다고 전한다. 춘양역에 보관된 역사일지에도 '1955년 철도 부설 당시 자유당 원내총무가 직선 설계된 것을 춘양 시내로 변경시켰다는 설이 있음'이라 기록되어 있다.

춘양목은 봉화군 춘양면과 소천면 일대의 높은 산간 지역에 자라는 소나무인데 이 나무에서 좋은 향기가 나서 '춘향목'이라 부르기도 하고, 겉껍질이 붉은빛을 띠어 '적송'이라 부르기도 한다. 춘양목은 다른 소나무와 달리 올곧게 자라는데다 껍질이 얇고 결이 부드러워 대패질을 하면 윤기가 자르르 돈다. 또 무엇보다 벌레가 먹거나 썩지 않아 최고의 건축 목재로 손꼽힌다. 이런 연유로 봉화의 청암정靑巖亭이나 석천정石泉亭 같은 조선 중기 건물은 물론, 안동 세도가나 한양의 번듯한 사대부가는 꼭 춘양목으로 한옥을 지었다.

《나의 문화유산 답사기》의 저자 유홍준은 경북 봉화를 가리켜 '외지인의 상처를 입지 않고 옛 이끼까지 곱게 간직하고 있는 살아 있는 민속촌'이라 극찬했다. 외지인들에게 봉화가 알려지기를 꺼려 봉화의 페이지를 여백으로 두고파 할 정도였다. 묵향의 고장답게 100개가 넘는 정자를 갖고 있는 봉화인 만큼 종갓집은 물론 흔히 말하는 명문가가 즐비하다. 옛 이끼까지 곱게 간직한 살아 있는 민속촌 봉화에서 춘양목으로 한껏 멋을 낸 고택 한 채가 눈에 띈다. 바로 진주 강씨 만산고택이다.

묵향 가득한 한묵청연翰墨淸緣의 고택

경북 민속문화재 제121호로 지정된 만산고택晚山古宅은 조선 말기의 문신인 만산 강용晚山 姜鎔, 1846~1934이 지은 가옥으로 열한 칸 규모의 긴 행랑채 사이로 난 솟을대문부터가 예사롭지 않다. 만산고택은 진주 강씨 박사공파

진주 강씨 만산고택

종가에서 떨어져 나와 만산을 파시조로 모시는 사파종가이다.

고택의 대문은 이른 아침부터 열려 있다. 만산의 4대 종손 강백기 씨는 만산 선생의 정신을 이어온 주인답게 하루를 일찍 시작하는 것이 사대부의 덕목이라 이르며 찾아오는 손님을 반갑게 맞는다.

대기만성의 큰 인물이라는 뜻의 호 '만산晩山'을 쓴 강용은 영릉 참봉을 거쳐 통정대부에 올라 당상관인 중추원 의관을 지낸 인물이다. 하지만 1905년 을사늑약이 체결되자 벼슬을 버리고 낙향했다. 나라를 잃은 부끄러움으로 바깥세상과는 등진 채, 자연 속에서 자정하겠다는 의미로 호를 '정와靖窩'로 바꾸고는 망미대望美臺를 쌓아 망국의 설움을 달래며 국운의 회복을 기원했다.

만산의 외아들 강필은 논밭을 팔아 3천 원의 독립자금을 마련하는 것이 일본 경찰에 알려져 옥고를 치르고, 손자 강만원도 광주학생항일운동의 선봉에 서다 구속됐으니 만산 집안의 충만한 의기는 짐작되고도 남는다.

하지만 무엇보다 만산고택이 세간에 알려진 것은 이 댁의 고고한 묵향 때문이다. 사랑채에 걸려 있는 '晚山(만산)'이라는 현판만 하더라도 흥선대원군이 친히 작호해서 편액을 내려 보낸 것이니 흥선대원군이 만산을 얼마나 아꼈는지 알 수 있다. 나란히 걸린 '存養齋(존양재)'와 접빈객을 위한 공간인 '七柳軒(칠류헌)' 현판은 3·1운동 민족대표 33인의 한 사람이자 당대를 대표하는 명필인 위창 오세창의 친필 편액이다. 게다가 사랑채 마당 한쪽에 있는 서실의 현판 '翰墨淸緣(한묵청연)'은 영친왕 이은이 8세 때 쓴 것이며, '書室(서실)' 편액은 근대 서예가이자 우리나라 최초의 사진관을 운영하였던 김규진의 글씨라고 하니 이 댁에서는 우리 근대사에서 글씨 좀 쓴다는 인물들의 필적을 한데서 볼 수 있다.

하긴 국내뿐만 아니라 청나라 말기의 권력자였던 이홍장과 원세개의 글도 있다니, 한 시대를 풍미한 문인들의 묵향을 제대로 느낄 수 있는 곳이 바로 만산고택이다.

"이 현판들은 진짜가 아니에요. 진짜는 국사편찬위원회에서 보관하고 있어요. 지금 집에서 보는 것들은 전부 모각을 한 것과 탁본을 뜬 것이지요. 워낙 도둑을 많이 맞으니까 어쩔 도리가 없어요. 그래도 글이 전하는 맑은 기운을 잘 느껴 보세요." 이 댁의 안주인인 종부 류옥영 씨의 목소리에 만산고택에 대한 자부심이 옹골차게 들어앉았다.

흥선대원군이 친필로
써서 보낸 '만산' 편액

외가 양반이 높아야 산갓챗물을 잘 먹는다

체험한옥으로 고택을 개방하고 있어서 종부는 하루에도 몇 번씩 마루와 기둥을 쓸고 닦으며 집 관리에 신경을 쓴다. 100년 넘는 세월을 뒤틀림 없이 버틴 최고 목재 춘양목인만큼 나무의 결을 따라 정성껏 닦는 종부. 집을 단장하는 데만 적잖은 시간이 소요되지만 화단 가꾸는 일을 하루도 거른 적이 없고, 요즘은 취미로 공예까지 배운다고 하니 천성으로 타고난 부지런이다.

봄이면 만산고택 부부가 수시로 산에 오른다. 초봄에만 맛볼 수 있는 '산갓'을 캐기 위해서다. '는쟁이냉이'라고도 하는 산갓은 깊은 산속 물가나 축축한 그늘에서만 나는데, 봄철에 올라오는 여린 잎으로 주로 나물이나 물김치를 담가 먹는다.

"봄이 되면 입이 까칠해지고 특히 어르신들은 입맛이 없어지잖아요. 이럴 때 산갓이 입맛을 돋우거든요. 그래서 해마다 빼놓지 않고 산갓을 캐러

갑니다."

이들 부부처럼 우리 선조들은 예부터 입춘을 전후해 '오신반五辛盤'이라 하여 산갓과 당귀싹, 미나리싹, 무, 움파를 이용한 다섯 가지의 맵고 신 채소들로 미각을 돋우었다. 눈이 녹자마자 이른 봄에 난 귀한 산갓을 채취해 김치를 담가 임금께도 진상했다고 한다.

이토록 귀한 산갓이 도대체 어떤 맛인지 여쮜보니 고추냉이처럼 탁 쏘는 맛이란다. 처음에는 평범한 풀 냄새가 나는데 시간이 지나면 알싸하게 매운 향이 올라온다니 신기하다. 게다가 영양이 풍부한 갓 중에서도, 재배를 하지 않는 자연 그대로의 '산갓'은 그야말로 봄의 선물이라 할 수 있다.

"꽃대가 같이 올라오는데 꽃이 나기 시작하면 산갓 특유의 맛이 사라져요. 그러니까 빨리 캐야겠지요? 대신에 뿌리째 뽑으면 다음 해에 안 나니까 뿌리가 상하지 않게 조심해서 캐야 해요."

만산고택에서 즐기는 봄철 음식은 임금께도 진상했다는 '산갓침채', 요샛말로는 '산갓챗물'이다. 산갓챗물은 봉화 일대에서도 제법 명망 있는 집에서나 하는 요리였다. 오죽하면 '외가 양반이 높아야 산갓챗물을 잘 먹는

산갓

다'는 말이 있을 정도였는데, 지금은 산갓으로 물김치나 담가 먹을까, 챗물로 요리하는 집은 만산고택이 거의 유일하다고 종부의 자랑이 대단하다.

만산고택 안주인이 자랑하는

것이 또 하나 있는데 바로 텃밭이다. 만산의 텃밭에는 좀처럼 키우기 힘들 다는 곰취가 제법 이파리를 키우고 있다. 여러해살이 나물인 곰취는 취나 물 가운데서 최고로 꼽히는 대표적인 산채인데, 깊은 산속 습한 곳에서나 자라기 때문에 햇볕을 가려주고 거름을 주는 일이 까다로워 사실 가정에서 는 흔히 재배할 수 없는 작물이다.

"제가 산에서 이 곰취를 캐 와서 옮겨 심었어요. 이 밭을 만드는 데 꼬박 5년이 걸렸답니다. 곰취 역시 산갓처럼 뿌리째 뽑지 않으면 이듬해에도 계 속 수확할 수 있거든요. 우리는 이걸로 봄을 나는 거죠."

집에서 정성껏 기른 곰취로 만든 '곰취쌈나물' 또한 이 댁만의 별미이다. 쌈이면 쌈이지 쌈나물은 무엇일까. 종부의 손맛을 따라가 보면 그 해답을 알 수 있다.

산갓챗물

1 산갓을 흐르는 물에 깨끗하게 씻고는 송송송 다지듯이 잘게 썬다.

2 공기가 통하면 산갓 특유의 성분이 없어지므로 잘게 썬 산갓을 밀폐용기에 담는다.

3 끓인 물을 따뜻한 느낌이 있는 정도로만 식혀 잘게 썬 산 갓에 붓는다.

종부의 요리 TIP

"산갓챗물의 포인트는 따뜻한 물을 넣어 산갓의 맛을 우려내는 거예요. 하지만 끓인 물을 바로 넣으면 산갓이 익어버려서 특유 의 톡 쏘는 맛이 사라지니까 조금 식혀야 합니다."

4 산갓의 강한 맛을 줄이기 위해 간장, 식초, 설탕 순으로 간을 한다.

5 밀폐용기에 담아 한나절 우린 뒤 찬물을 섞어서 희석하고, 입맛에 맞게 간을 해서 먹는다.

● 갓의 영양학

갓은 한자로 개채芥菜 또는 신채辛菜라고 하는데, 글자 그대로 맵고 달다. '겨자 개芥'자에서 보듯이 겨자가 바로 갓 씨앗의 분말이다. 《동의보감》에 따르면 갓은 '사람의 몸에 있는 아홉 구멍을 통하게 한다'고 해서 신장의 독을 없애주고 눈과 귀를 밝게 하며 대소변을 원활하게 한다고 밝히고 있다. 《본초강목》에서도 '폐를 통하게 하여 가래를 삭이고 식욕을 돋운다'고 기록했다. 다른 채소에 비해 철분과 엽산의 함량이 높아 성장 발육에 효능이 있고, 비타민 A와 C가 풍부해 면역력 향상과 감기 같은 질병을 예방하는 데도 효과적이다.

곰취쌈나물

1 줄기를 제거한 곰취를 깨끗하게 씻는다.

2 끓는 물에 소금을 약간 넣고 곰취를 살짝만 데친다. 조금만 오래 삶아도 영양소가 파괴되는 것은 물론, 이파리도 물러지고 색이 누래져서 식감이 떨어진다.

3 찬물에 헹군 곰취의 물기를 손으로 꼭 짠다.

4 간장과 참기름만 넣어 조물조물 무친다.

5 무친 곰취를 한 장 한 장 곱게 펴서 접시에 담는다.

종부의 요리 TIP

"나물로 요리해놓고 번거롭게 다시 일일이 펴는 게 이상하지요? 명색이 양반이 먹는 음식인데 양반 체면에 손으로 쌈을 쌀 수는 없잖아요. 그래서 이렇게 한 장씩 펴서 내놓습니다."

톡 쏘는 매운맛과 상큼하고도 개운한 맛이 일품인 보랏빛 산갓챗물은 맛 이전에 색감으로 식욕을 자극한다. 자줏빛과 보랏빛이 섞인 산갓 우린 물은 좀처럼 우리 음식에서 보기 어려운 오묘한 색깔을 띤다. 맛도 색깔만큼이나 독특하다. 알싸한 맛은 동치미처럼 숙취 해소에도 좋고, 국수를 말아 먹어도 일품이다.

봄의 향취 그득한 산갓챗물과 곰취쌈나물이 밥상에 오른다. 얼마 전 춘양면으로 귀농을 한 젊은 농부들에게 상큼한 점심을 대접하는데, 다들 처음 보는 요리라며 신기한 표정을 감추지 못한다. 별 다른 반찬 없이도 스윽 입에 침이 고이는 만산고택의 밥상 앞에 모두가 그 시절의 양반이 된 듯하다.

❖ 진주 강씨 만산고택 (숙박가능)
경북 봉화군 춘양면 서동길 21-19 | 054-672-3206
4대 주부 류옥영 010-7208-3206

단양 우씨
집의종가

단종의 넋이 서린 영월 청령포

강원도 영월군 남면에는 명승 제50호로 지정된 영월 청령포淸泠浦가 있다. 청아한 이름과는 달리 이곳은 굽이굽이 단종의 넋이 서린 서슬 퍼런 유배지다. 서강이 휘돌아 흘러 삼면이 강으로 둘러싸여 있고 한쪽으로는 육륙봉의 험준한 암벽이 솟아 있어서 배를 타고 가야만 하는 섬 아닌 섬. 워낙 지세가 험하고 강으로 둘러싸여 있어서 단종이 스스로 '육지고도陸地孤島'라고 표현한 이곳에, 조선의 여섯 번째 어린 임금은 숙부에게 왕위를 빼앗기고 철저히 유배되었다.

의지할 곳 없었던 어린 임금은 자신보다 스물네 살이나 많은 숙부의 상왕이 되어 수강궁으로 물러났다가, 노산군에서 서인으로 차례로 강등된 뒤 결국 청령포에서 사약을 받았다. 그 기간이 겨우 2년, 단종의 나이 고작 열

일곱이었다. 죽음 또한 너무도 서럽다. 실록에 따르면 금부도사 왕방연이 사약을 가지고 영월에 도착했을 때 단종이 이미 목을 매 자진自盡했다고 되어 있다. 사후의 처리도 비참했다. 야사에 따르면 시신이 청령포에 떠 있는 것을 엄홍도가 몰래 수습해 현재 장릉莊陵 자리에 안장했다고 한다. 세종대왕의 손자이자, 문종의 적통을 잇는 어린 단종의 비통하고도 원통한 생이다.

청령포에는 단종이 거처하던 단출한 집 한 채와 호위하던 시종들이 사용하던 초가가 복원돼 있고, 유배 당시 세운 것으로 알려진 '금표비'와 그 뒤 영조 때 세운 '단묘유적비'도 있다. 단종이 서낭당을 만들 듯이 쌓은 돌탑 '망향탑'이 단종의 쓸쓸한 생을 증거한다. 마을에서 유독 눈에 띄는 나무 한 그루가 있다. 다른 나무들에 비해 단연 돋보이는 소나무의 이름은 천연기념물 제349호인 '관음송觀音松'이다. 이름을 풀이하면 '볼 관觀'자에, 단종의 슬픈 목소리를 뜻하는 '소리 음音'자를 따서 단종의 쓸쓸한 모습을 지켜본 나무라는 뜻이다. 단종은 둘로 갈라진 이 나무의 줄기에 걸터앉아 한양을 생각하기도 하고, 두고 온 아내 정순왕후를 그리워하기도 했다.

비운의 왕 단종의 넋이 서린 청령포 외에 강원도 영월군 남면은 래프팅과 서바이벌게임, 천문대와 다양한 박물관으로 관광객을 유치하고 있다. 서울을 비롯한 수도권 일대의 젊은이들이 가장 선호하는 관광지로 강원도가 꼽힌 것도 이와 무관하지 않을 것이다. 세월이 비켜간 듯 험난한 자연환경과 고즈넉한 정취가 잘 보존된 강원도에서 뜻하지 않은 종가를 만나게 되는 것도 커다란 즐거움이다.

아버지의 이름을 딴 고택

영월군 남면 북쌍리, 강원도 골짜기 깊은 곳에 참으로 유서 깊은 종가가 위치하고 있다. 수백 년 된 고택에 차종손이 존경하는 부친의 함자를 그대로 따서 이름 붙인 '우구정禹九鼎'은 강원도 문화재자료 제70호로 지정된 종택이다. 단양 우씨 집의공파 종손 우구정 씨 내외는 연로해 도시에 계시고, 현재 28대 차종손 우수명 씨와 차종부 김영옥 씨가 우구정을 지키며 강원도 문화전도사 역할을 하고 있다.

단양 우씨 집의공파의 중시조인 우홍득禹洪得은 본관을 단양으로 하는 고려 후기의 문신으로, 1390년에 검토관이 되었고 이듬해 집의가 되었다. 그리고 1392년, 정몽주가 피살되고 이성계 일파가 정권을 잡자 우홍득의 부친 우현보는 이성계를 제거하고 우왕을 복위시키려고 했으나 뜻대로 되지 않았다. 결국 우홍득은 아버지와 함께 강원도로 유배되었고, 조선이 건국된 후에는 고려의 유신이라 하여 장을 맞고 죽게 된다. 전라도에 유배된 맏형 우홍수와 동생 우홍명도 함께 매를 맞아 죽었다.

조선 건국 후 두 임금을 섬길 수 없다며 개풍군 두문동에서 말 그대로 '두문불출' 하던 고려 충신 72명 가운데 살아남은 7명은 이웃 강원도 정선군 남면의 산골로 피신했다. 이른바 '고려유신 7현'으로 불리는 이들은 산나물과 나무껍질에 의지해 기약 없는 나날을 이어갔는데 이들이 가족에 대한 그리움과 망향의 설움 등을 담아 읊었던 한시가 「아리랑」으로 이어졌다. 거칠현동 입구에는 그들의 충절을 기리는 칠현사七賢祠가 세워졌지만, 영월의 단양 우씨 부자에 대한 이야기는 아직 모르는 이들이 많다.

혹독한 영월 땅에서 고려에 대한 절개를 지키다 목숨을 다한 우홍득을 기리며 후손들은 단양 우씨 집의공파로 600년 넘는 세월을 이어오고 있다.

구수한 강원도의 맛

강원도 종가의 자존심, 단양 우씨 집의공파 우구정의 내림음식은 '순두부'다. 두부를 만드는 과정에서 콩의 단백질이 응고될 때 압착하지 않고 그대로 먹는 것이 순두부인데, 영양소가 풍부한 콩으로 만들면서도 압착하지 않았기 때문에 맛이나 질감이 부드러워 소화하기도 쉬운 영양식품이다. 이 댁에서는 직접 키운 콩으로 순두부를 만든다.

"보통 순두부라고 하지만 강원도에서는 초두부라 부릅니다. 우리 집에 아주 오래된 맷돌이 있는데 시어머님이 쓰신다고 아직 저한테 물려주질 않으셨어요. 그래서 맷돌에 콩을 못 갈고 기계에 갑니다."

종부는 맷돌도 믹서도 아닌, 연식이 꽤 되어 보이는 구형기계에 콩을 간다. 털털거리며 힘겹게 돌아가는 듯싶지만 그래도 콩은 제법 잘 갈린다. 영월 김삿갓면에서 시집와 구수한 강원도 사투리가 매력적인 김영옥 종부는 시어머니가 집에 안 계실 때도 맷돌에는 손끝 하나 대지 않는다고 한다. 어른이 집에 계시지 않아도 약속을 지키려는 마음이 참으로 곱다.

우구정의 또 다른 별미는 '묵은지청국장'이다. 구수한 청국장에 묵은지를 넣어 끓이는 청국장은 발효음식 둘이 만나 최고의 궁합을 자랑한다. 종부가 음식 만들 준비를 시작하니 종손이 더 분주하다. 이 댁은 독특하게도 집안의 내림음식을 종손이 먼저 전수받았다. 콩 요리만큼은 아내보다 솜씨가 뛰어나다고 자부하는 종손이 조리를 주도한다. 종부도 종손의 실력을 인정하는 눈치다. 이번에는 종부의 손맛이 아닌 종손의 손맛이다.

순두부

●간수

습기기 찬 소금에서 저절로 녹은 물로 옛날부터 두부를 만들 때 응고제로 사용했다. 제1차 세계대전 이후 간수에 대한 연구가 진행되어 현재는 무기약품의 중요한 자원으로 이용된다. 염화마그네슘 15~19%를 비롯해, 황산마그네슘, 염화칼륨, 염화나트륨을 다량 함유하고 있어 쓴맛이 난다.

1 깨끗하게 씻은 콩을 한나절 정도 물에 푹 불린다.

2 불린 콩에 물을 부어 가며 뻑뻑하지 않게 간다.

3 한 번 간 콩물을 두세 번 더 간다. 콩을 부드럽게 갈수록 순두부의 맛도 부드럽고 양도 많아진다.

4 가마솥에 물을 팔팔 끓여, 끓는 물에 간 콩물을 넣는다. 끓는 물에 콩물을 부어야만 물과 콩이 자연스럽게 골고루 섞인다.

5 콩물이 한 번 끓어서 넘칠 때마다 찬물을 붓는다. 이 과정을 세 번 반복한다.

6 끓인 콩물을 면포에 거른다. 보자기에 콩물을 붓고 대나무 쳇다리에 올려 콩물을 쭉 짠다.

7 걸러낸 콩물만 따로 가마솥에 부어, 천일염으로 만든 간수를 넣어 엉길 때까지 끓인다.

8 간장에 다진 마늘, 다진 파, 참기름, 통깨를 넣어 양념간장을 만든 뒤 순두부에 적당량 넣어서 먹는다.

●순두부의 영양학

콩은 다량의 단백질과 섬유질, 칼슘, 철분 등이 듬뿍 담겨 있는데, 순두부는 콩의 영양분을 95% 가까이 흡수할 수 있는 식품이다. 고단백 저지방 요리의 대표 주자인 순두부는 따로 요리하지 않고 양념장을 곁들이거나 찌개로 즐긴다.

묵은지청국장

1 콩을 깨끗이 씻어 한나절 불린다.

2 가마솥에 물을 넉넉히 붓고 콩을 넣어 메주 냄새가 날 정도로 푹 삶는다.

3 삶은 콩은 체에 받쳐 물기를 뺀다.

4 물기를 뺀 콩을 통에 담고 면포에 싸서 따뜻한 아랫목에 하룻밤 둔다.

5 멸치와 다시마를 우려내 육수를 끓인 뒤 멸치와 다시마는 건진다.

6 육수에 묵은지와 청국장을 넣어 끓인다.

7 채 썬 양파와 파, 다진 마늘과 송송 썬 청양고추 등 갖은 채소를 넣어 끓인다.

여행객들이 우구정의 부뚜막마다 들어 앉아 등을 지지다가 끼니때면 한 가족처럼 밥상 앞에 모여 종가의 음식을 맛본다. 어떨 때는 손님들과 함께 순두부를 만들면서 세상사는 이야기를 나누기도 한다. 둥글둥글한 강원도 인심보다 더 따뜻하고도 속 깊은 맛, 우구정의 순두부와 묵은지청국장이다.

❖ 단양 우씨 집의종가 (숙박 가능)

강원 영월군 남면 들골안길 127-4 | 033-372-5704

28대 종손 우수명 010-7160-5714

경주 김씨
충암종가

:: 진달래화전과 수정과

100세 노종부를 찾아

과학의 도시, 대전광역시 한가운데에 섬 아닌 섬이 있다. 대전광역시와 충북 청원군·옥천군·보은군에 걸쳐 있는 인공호수, '대청호大淸湖'를 두고 하는 말이다. 어릴 적 뛰놀던 땅을 터전 삼아 생을 일구던 많은 이들이 대청호 아래에 고향을 묻었다. 대전과 인근 수몰민들은 지금도 둥근 보름달이 뜨는 밤이나 부슬부슬 비 내리는 마음 울적한 날이면 대청호의 다도해라 불리는 '찬샘정'에 하나둘 모여들곤 한다.

경주 김씨 충암공파도 대청호 바닥 깊숙이 종택의 추억을 두고 왔다.

"1978년이었어요. 대청댐을 짓는다고 종택을 이전해야 했지요. 해서 이곳 신하동으로 이주했습니다. 신도비와 위패를 보관한 별묘, 산해당, 정려각도 다 옮겨왔어요. 500년 된 건물을 옮기는 게 보통 일은 아니었어요. 주

우리나라에서 세 번째 규모의
인공호수인 대청호

춧돌과 기와 하나하나, 나무 조각 하나까지도 버리지 않고 고스란히 가져
왔으니까요."

그 시절을 회상하는 경주 김씨 충암공파 16대 종부 최진하 어른의 표정
에 안타까움이 묻어난다. 아내와 떨어져 노종부를 모시는 17대 종손 김응
일 씨도 그때를 떠올린다.

"종택을 이전하는 것도 어렵지만 조상의 묘를 이장할 때 더욱 신경을 썼
습니다. 예부터 이렇게 묘를 이장할 때면 장례를 한 번 더 치르지요. 장례와
똑같은 절차를 밟으며 신중에 신중을 기했습니다."

몇 해 전 아버지가 돌아가신 뒤 종손은 혼자 된 어머니 곁으로 왔다. 서
울에서 약국을 운영하는 아내와 주말부부로 지내야 하지만 늙은 어머니를
가까이에서 모시는 게 낫다고 판단했다. 자신의 손이 많이 필요할 것이라
는 종손의 예상과는 달리 100세 노종부는 작은 체구지만 에너지가 보통이
아니다. 꼿꼿한 눈매며 다부진 입매, 아직까지 손끝도 야무지다.

경주 김씨 충암공파 종택

"내 나이는 일흔여덟에서 멈췄어. 20년 전부터 그냥 나이를 안 먹었다고 말하지. 남들은 약사 아들, 며느리 둬서 이렇게 건강하다는데 그게 아니라 전부 효자 효부라서 내가 오래 사는 거야."

스무 살에 시집 와 힘든 순간도 많았지만 눈으로 보고 귀로 들으며, 그저 어른들이 시키는 대로 하니까 세월이 이렇게 흘렀다고 노종부는 말한다. 이상하게도 그 말을 듣고 보니 노종부의 주름과 검버섯 사이에서 귀밑머리 까만 앳된 모습이 보이는 듯하다. 그녀의 나이는 일흔여덟 살에서 멈춘 게 아니라 스무 살에서 멈추었는지도 모른다.

조광조와 개혁을 주도한 충암 김정

경주 김씨 충암공파의 파시조인 충암 김정冲菴 金淨, 1486~1521은 정암 조광조와 뜻을 같이한 급진적 개혁파였다. 중종의 절대적인 신임 아래 김정은 이상적인 도학정치를 펼치며, 그 실현을 위해 미신 타파와 향약의 실시, 정국공신靖國功臣의 위훈삭제僞勳削除*를 추진했다. 그러나 훈구 세력의 압박과 견제를 견디지 못한 중종은 젊은 개혁파들에게서 등을 돌리고 만다.

기묘사화 때 국청鞫廳**을 받은 조광조, 김식, 김정, 김구에게는 사형이 구형되었으나, 영의정 정광필이 목숨을 내 놓고 젊은 학자들의 선처를 눈물로 읍소했다. 다행히 사형을 면한 김정은 금산으로 유배되었다가 진도로, 다시 제주로 이배되었다. 김정은 귀양을 살게 된 것도 담담히 받아들이며 제주를 두루 답사하여《제주풍토록濟州風土錄》을 기록하고, 오랫동안 비가 내리지 않자 한라산 기우제문을 짓기도 했다. 하지만 세상을 바꾸고자 한 젊은 선비의 꿈은 한낱 꿈으로 그치고 말았다. 신사무옥辛巳誣獄에 연루돼 다시 중죄에 처해지면서 그토록 사랑하고 존경했던 임금의 부르심을 기다리던 그에게 중종은 죽음을 명한다. 김정의 나이 겨우 36세 때의 일이다. 제주에서 한 많은 생을 마감한 그는 「임절사臨絶辭」라는 시 한 편을 남겼다.

---

* 중종반정 때 공을 세운 정국공신 중 자격이 없다고 평가된 사람들의 공신 시호를 박탈하고 토지와 노비를 환수한 사건
** 조선시대에 역적 등의 중죄인을 심문하기 위해 설치했던 임시 관아

절지絶地(외딴섬)에 와 외로운 넋이 되었구나

멀리 어머님 두고 감에 천륜도 어겼나니

이 세상을 만나서 나의 목숨이 끊어지나

구름 타고 저 하늘 문에 이르러 역대 상감의 문지기가 되리다

굴원을 따라 떠돌고도 싶으나

기나긴 어두운 밤 언제면 날이 새랴

빛나던 일편단심의 충정도 쑥밭에 파묻혔고

당당하고 장하던 뜻 중도에서 꺾였으니

오호라, 천추만세가 내 슬픔을 알리라

가세 가세 화전놀이를 가세

가세 가세 화전을 가세 꽃 지기 전에 화전 가세

이때가 어느 땐가 때마침 삼월이라

동군東君이 포덕택布德澤하니 춘화일난春花日暖 때가 맞고

화신풍花信風이 화공畵工되어 만화방창 단청되네

이런 때를 잃지 말고 화전놀음 하여보세

봄이면 지천으로 피는 진달래를 따다 보기에도 좋고 맛도 좋은 진달래 화전을 부쳐 먹는다. '두견화전'이라고도 부르는 진달래화전은 삼월삼짇날에 먹는 음식으로 예부터 봄 화전의 으뜸으로 쳤다. 우리 조상들은 계절에

피는 꽃으로 다양한 전을 부쳐왔다. 진달래화전, 장미화전, 감국화전, 맨드라미화전, 배꽃전, 복숭아꽃전, 석류화전, 옥잠화전 등 각 계절마다 동네에서 쉽게 구할 수 있는 꽃잎을 따다 대추나 밤, 잣을 고명으로 얹어 지졌다.

"가세 가세 화전을 가세~"

진달래화전을 할 때면 약속이나 한 듯이 「덴동어미 화전가」가 울려 퍼진다. 「덴동어미 화전가」는 작자나 창작 연대가 알려지지 않은 장편 서민 가사로서, '덴동어미'의 비극적인 일생을 액자 구성으로 노래한 것이다. 순흥의 어느 마을 부인네들이 비봉산에 모여 화전을 즐기다가 어떤 청춘과부가 신세를 한탄하면서 개가할 뜻을 비치자 덴동어미가 네 번이나 남편을 잃은 자기의 기구한 팔자를 일러 주면서 주어진 운명대로 살라고 설득한다는 내용이다. 청춘과부의 신세 한탄으로 침체된 화전놀이의 분위기를 전환시키기 위해 고백한 덴동어미의 기나긴 인생 유전이 꽃놀이 노래라니 역설적이다.

노래에 맞춰 화사하면서도 단아한 맵시가 나는 진달래화전을 부치고, 여기에 곁들일 수정과도 준비한다. 수정과는 명절이나 특별한 날 만들어 먹는 경우가 많은데 충암공파 종가에서는 수정과를 일상 음료로 마신다. 이 댁에서는 특별히 인삼의 잔뿌리인 '미삼'을 첨가해 영양을 높인 '보약수정과'를 선보인다.

진달래화전

1 진달래를 깨끗이 씻은 뒤 꽃술을 말끔하게 제거하고 물기를 뺀다.

2 찹쌀은 깨끗이 씻어 6시간 정도 담갔다가 소쿠리에 건진 뒤 곱게 빻는다. 시중에서 파는 찹쌀가루를 써도 괜찮다.

3 찹쌀가루에 소금을 약간 넣고 물을 많이 부어 묽은 반죽을 한다. 반죽을 들어 올렸을 때 뚝뚝 떨어질 정도가 되어야 적당하다.

> ### 종부의 요리 TIP
> "진달래화전을 할 때 반죽이 묽지 않으면 나중에 지지고 나서 말랐을 때 딱딱해집니다. 묽은 반죽을 해야 굳어도 맛있게 먹을 수 있어요."

4 번철(전을 부칠 때 쓰는 무쇠 그릇)에 기름을 넉넉히 두르고 반죽을 얇게 놓고 누르면서 약한 불에서 지진다.

5 반죽을 지질 때 진달래를 얹는데 이때 절대 뒤집지 않는다.

> ### 종부의 요리 TIP
> "화전은 센 불에 지져도 안 되고, 뒤집어서도 안 돼요. 뒤집으면 진달래의 화사한 색깔이 변하니까 화전의 모양이 망가지는 거죠. 얇게 부치니까 뒤집지 않아도 됩니다."

6 진달래화전을 보기 좋게 담은 뒤 조청이나 꿀을 곁들여 낸다.

수정과

●미삼 고르는 법
미삼을 구입할 때는 색깔이 희고, 단단하며 무르지 않은 것을 선택한다. 쓰고 남은 미삼은 인삼 보관과 마찬가지로 비닐봉지나 랩으로 싸서 서늘한 곳이나 냉장고에 보관한다.

1 계피, 대추, 생강, 미삼을 깨끗하게 씻어 손질한다.

2 큰 솥에 물을 한가득 붓고 재료를 한꺼번에 넣은 뒤 팔팔 끓인다.

3 푹 끓였으면 건더기는 전부 걸러내고 적당히 단맛이 나도록 설탕을 넣는다.

종부의 요리 TIP

"단맛이 많이 나면 맛이야 좋겠지만 건강에는 좋지 않잖아요. 저희 집에서는 수정과에 곶감을 넣어서 먹기 때문에 다른 집보다 단맛이 덜 나도록 설탕 간을 합니다."

4 다 끓인 수정과는 서늘한 곳에서 식힌다. 대량으로 끓였기 때문에 며칠 동안 먹을 만큼 따로 담아두면 먹을 때 편리하다.

5 수정과를 먹기 하루 전에 곶감을 담가 불린다. 곶감의 꼭지를 뗀 뒤, 곶감을 통째 넣어둔다.

6 수정과를 먹을 때 곶감을 먹기 좋게 자르고, 잣도 동동 띄워 낸다.

●수정과의 영양학

수정과의 주재료인 계피는 소화불량과 장염 예방에 탁월하고, 매운맛을 내는 생강 역시 진저론 성분이 많이 함유돼 살균 및 항산화작용을 하는 것으로 알려져 있다. 진저론은 특히 위장운동을 활발하게 해 소화를 돕고, 위염이나 위궤양을 일으키는 헬리코박터균을 억제해 위암 예방에도 효과적이다.

노종부가 애지중지하는 단지들이 있다. 누가 자꾸 훔쳐가는 것 같아 자물쇠로 잠갔다고 웃으며 말하는 노종부의 장독대 중 곶감단지는 단연 이 집의 지혜가 엿보인다.

"가을에 나는 감의 껍질을 깎아 건조장에서 하나하나 말린 곶감이 이렇게 크고 좋습니다. 그런데 독에 담을 때 곶감만 넣는 게 아니라 깎은 감 껍질을 버리지 않고 뒀다가 이렇게 곶감과 곶감 사이에 두는 거죠. 곶감을 한 켜 쌓고는 그 위에 감 껍질을 한 켜 쌓고, 또 그 위에 곶감을 얹은 뒤 껍질을 덮는 식이에요. 이렇게 저장하면 곶감이 마르지 않고, 몇 년이 가도 변하지 않습니다. 맛도 엄청 달아요."

곶감의 흰 가루를 감나무 서리, 혹은 눈이라고 해서 시상柿霜 혹은 시설柿雪이라 부르는데, 이 댁의 크고 튼실한 곶감에는 흰 눈이 제대로 내려앉았다. 곶감하면 예부터 이가 튼튼하지 않은 어르신들의 비타민 공급원인데, 장에 이로운 계피와 생강에다가 비타민으로 무장한 곶감이 면역력을 높여주고, 항암효과가 뛰어난 사포닌이 함유된 미삼까지 곁들였으니 보양식으로 손색이 없다.

나이가 들면 소화력도 떨어지기 마련이다. 1~2주일에 한 번씩 끓여서 매일 아침저녁으로 두 대접씩 마시는 이 '보약수정과'가 100세 노종부의 장수 비결이라고 종손은 믿고 있다.

❖ **경주 김씨 충암종가**
대전광역시 동구 회남로 117 | 042-274-9904
17대 종손 김응일 010-5241-3476

평택 임씨
와송정사

:: 된장깻잎장아찌와 머위우렁이볶음

소나무가 드러누운 와송정을 벗 삼다

동쪽은 공주시, 서쪽은 보령시, 남쪽은 부여군, 북쪽은 홍성군·예산군과 접하고 있는 충북의 정중앙에 위치한 충남 청양군. 청양은 칠갑산 능선에 자리 잡은 분지로 칠갑산도립공원을 중심으로 많은 명승고적이 있어서 1년 내내 관광객이 끊이지 않는다.

게다가 청양하면 고추의 대명사가 된 지 오래, 청양에 도착하자마자 만나는 것은 고추를 형상화한 조형물이다. 사실 청양고추는 엄밀히 말하자면 두 가지다. '청양에서 생산한 청양산 고추'와 매운 맛이 나는 품종인 '청양고추'로 구분해야 하는 것이다. 청양에서 주로 재배하는 고추는 고춧가루용 고추인데, 청양은 분지로 일교차가 심한 편이라 지형적 특색 때문에 고추의 과피가 두껍고 단맛이 더 난다.

청양의 손맛을 제대로 보여줄 종가는 평택 임씨 참의공파의 후손이다. 조선 중기의 문신 송파 임식松坡 林植, 1539~1589과 그의 아들 임득인, 손자 임헌 등 대대로 뿌리내린 평택 임씨 참의공파 종가의 사당 '산천재山泉齋'는 후일 학동을 가르치는 교육기관으로 확대돼 '강당'이라는 부속건물이 만들어졌고, 이곳에서는 홍주 의병 육의사 중 한 명인 성헌 임한주를 비롯한 8명의 애국지사가 나왔다.

5대 종손 임동일 씨의 이름을 따서 일명 '임동일 고택'으로 불리는 '와송정사臥松亭舍'는 평택 임씨 참의공파에서 뻗어 나온 사파종가다. 19세기 말 송암 임용주가 지었다고 전해지는 이 고택은 연못을 만들 때 세 그루의 소나무를 심었는데, 소나무가 누운 듯 옆으로 자라서 와송정이라는 이름이 붙게 되었다. 뜰에서 연못을 향해 누운 세 그루의 소나무는 와송정사의 산증인이었으나 지금은 두 그루가 죽고 한 그루만 남아 와송정사의 명맥을 유지하고 있다. 두 칸 사랑방 옆으로 조망을 위해 높게 올린 누마루가 멋스러움과 운치를 더하는 와송정사는 충남 민속문화재 제31호로 지정되었다.

평택 임씨 와송정사 5대 종손 임동일 씨와 종부 이세복 씨가 종택을 지키고, 차종손 임희정 씨와 차종부 고해원 씨 부부가 자주 와송정사를 찾아 부모의 안부를 살핀다. 이 댁의 젊은 차종부는 남편을 만나기 전에 시아버지를 먼저 알았다.

"내가 대천여고 교직에 오래 있었는데, 우리 큰며느리가 내 제자입니다."

"저희 아버님이 지금도 잘생기셨지만 그때는 더 잘생기셨거든요. 인기가 아주 많으셨어요."

평택 임씨 종택 와송정사   조망을 위해 높게 올린 누마루가 멋스러운 사랑채

존경과 신뢰가 담긴 며느리의 눈에 시아버지에 대한 애정이 가득하다.

된장과 깻잎이 삭힌 시간으로 만날 때

시어머니가 살아 계실 때는 매년 60개의 장독에 된장을 담갔지만, 지금은 전처럼 찾아오는 손님도 많지 않고 살림 규모도 줄어서 가족들이 먹을 만큼만 담근다고 한다. 물론 살림이 줄었다고는 하지만 여염집과는 비교할 수 없는 것이 종가의 살림이다. 와송정사의 종부가 보여줄 첫 번째 손맛은 이렇게 담근 된장으로 만든 '된장깻잎장아찌'다. 흔한 깻잎 요리 중에 '된장깻잎절임'이 있는데 그것과는 맛도 다르고 들어가는 정성도 비교할 수 없다고 한다.

된장깻잎장아찌는 손이 무척 많이 가는 음식이지만 입맛이 없을 때 밥도둑 노릇을 톡톡히 하기 때문에 이 댁에서는 1년 내내 끊이지 않는 반찬이다. 깻잎과 된장을 묵혀서 저장하기 때문에 꼭 제철이 아니라도 요리할 수 있는 게 가장 큰 장점이다.

된장깻잎장아찌

●깻잎의 영양학

깻잎은 육류의 누린내와 생선의 비린내를 없애줘 상추와 함께 쌈의 대명사로 불린다. 또 향긋한 나물 반찬이나 장아찌, 깻잎김치 등의 밑반찬으로 먹기도 하고, 무침이나 탕 등에 향신료처럼 쓰면서 깻잎주를 담가 약용주로 먹기도 한다. 칼슘이 시금치의 2배 이상 함유되어 있고, 칼슘 등의 무기질과 비타민 A·C도 풍부하게 함유돼 있어 영양가가 높다. 혈액을 응고시키는 작용을 하는 비타민K도 풍부하게 함유되어 있고, 암과 각종 성인병을 예방하는 데에도 도움을 주는 것으로 알려져 있다.

1 깨끗하게 씻은 깻잎의 물기를 잘 말린다.

종부의 요리 TIP

"물기가 있으면 장이 덜 묻는데다 장맛이 변할 수 있기 때문에 탈탈 털어서 수분을 없애는 것이 중요합니다."

2 소금물을 끓여서 식힌 뒤 된장과 섞어서 묽은 된장을 만든다.

3 작은 항아리를 준비해 깻잎을 항아리에 담고, 깻잎 켜켜이 묽은 된장을 바른다.

4 묽은 된장을 발라 쌓은 깻잎 맨 위에 돌을 얹어 깻잎이 뜨지 않도록 한다.

5 숙성되는 동안 곰팡이가 생기지 않도록 소주를 부어준 뒤 된장깻잎을 약 두 달간 묵힌다. 기온이 올라가는 초여름에는 한 달만 숙성시켜도 충분하다.

6 두 달 동안 묵힌 된장깻잎을 꺼낸다. 흐르는 물로 된장을 깨끗하게 씻은 뒤 물기를 꼭 짜서 한 장씩 일일이 다 편다.

7 설탕과 들기름을 섞은 설탕들기름 양념을 준비하고, 쪽파의 흰 머리 부분과 양파를 잘게 썰어 고명으로 준비한다.

8 물기를 뺀 깻잎 한 장 한 장마다 설탕들기름 양념을 바른 뒤 양파와 쪽파 고명을 얹는다.

9 된장깻잎을 중탕으로 약 15분간 찐다.

자연이 주는 소박한 선물

5월은 논밭의 물가마다 우렁이가 자라기 좋은 때인지라, 살이 토실토실 오른 우렁이가 지천이다. '논밭에 있는 고둥'이라는 뜻으로 한자로는 '전라田螺', '토라土螺'라고 불리는 우렁이는 단백질이 풍부해 된장찌개 같은 요리와 약용으로 널리 쓰이는데, 한동안 농사 대부분을 농약에 기대는 바람에 보기 어려웠던 때도 있었다. 하지만 요즘은 오리와 우렁이를 이용한 친환경농법이 주목을 받으며 우렁이가 자랄 수 있는 서식지가 점차 확산되고 있다.

아들과 손자가 두 다리를 걷어붙이고 잡은 우렁이로 종부가 보여주는 두 번째 손맛은 충남과 전북의 향토음식인 머위탕을 응용해 만든 '머위우렁이볶음'이다. 우려내어 다듬은 머윗대를 새우와 볶은 뒤 불린 쌀과 들깨를 함께 간 물을 붓고 걸쭉하게 끓인 탕을 머위탕이라 하는데, 여기에 와송정사만의 맛을 더해 완성한다.

머위는 비타민A를 비롯해 비타민B1, B2가 골고루 함유되어 있으며 칼슘 성분이 많은 알칼리성 식품이다. 보통 잎을 쪄서 요리하는데, 5월 즈음에는 머윗대가 단단하지 않아 먹기에 좋다. 잎이 시들지 않고 줄기를 눌러 보아 단단한 머윗대를 골라 요리에 사용하도록 한다.

머위우렁이볶음

1 머위는 잎은 떼어 내고, 머윗대만 다듬는다.

2 끓는 물에 소금을 넣은 뒤 머윗대를 삶는다.

3 삶은 머윗대의 껍질을 벗겨내고 굵은 것은 가닥을 나눠 고구마줄기만큼 얇게 만든다.

4 우렁이 역시 소금물에 살짝 데쳐 속살을 일일이 깐다.

5 달군 냄비에 머위와 우렁이를 파, 양파와 같이 넣고 소금 간을 한 뒤 들기름으로 달달 볶는다.

6 들깨를 곱게 갈아 물과 섞은 뒤 체에 걸러 들깨 우린 물만 받는다.

7 5에 들깨 우린 물을 붓고, 다시마 육수와 쌀뜨물까지 넣어 자작하게 끓인다.

솥에 들어가기 전에는 양이 많아 보여도 요리가 완성되고 나면 작은 대접에 한 그릇 겨우 나올까 말까 할 정도로 머윗대의 몸집이 줄어든다. 한 그릇의 머위우렁이볶음을 위해 머윗대와 우렁이를 하나하나 삶고 까고 하던 시간과 노력에 비하면 너무나 적은 양이다.

"우리 음식은 전부 정성입니다. 저는 세 끼를 이런 반찬을 만듭니다. 그러니 우리 어른이 바깥에서는 식사를 못하시지요."

종부의 손놀림 속에 일평생 부엌에서 살아온 여인네의 자부심과 연륜이 묻어난다.

된장깻잎장아찌와 머위우렁이볶음으로 차려진 밥상. 입에 넣는 순간 사르르 녹는 된장깻잎장아찌는 두 달간 된장에 삭혔다가 중탕까지 한 덕분인지 깻잎 특유의 거칠거칠한 식감은 찾아볼 수가 없다. 들깨물이 들어가 구수한 맛이 진하게 우러나오는 머위우렁이볶음까지 두 음식 모두 어디에서도 맛보지 못한 종부의 손맛이 느껴진다. 이렇게 종가 여인들의 손끝으로 집안의 음식은 대물림되고 있다.

❖ 평택 임씨 와송정사 (숙박가능)
충남 청양군 화성면 산당로 393-42 | 041-942-4498

민남 박씨 식재종가
대구 서씨 약봉종가

속초

강원도

●포천
●파주
의정부

홍천●

삼척

인천광역시   서울특별시

●광명 ●성남 ●광주
●수원   ●용인

경기도

평창

안동 권씨 춘우재
안동 권씨 충실종가
안동 장씨 정낭종가

제천●   영월

충청북도

●서산   아산●천안   ●진천 ●괴산

●봉화
영양●

문화 류씨 북산종가

●청주

충청남도

문경   ●안동

경상북도

●청양

대전광역시

청송●

서천● ●논산

포항●

●김천 구미●
영천●

전주●

●성주
거창●   대구광역시

영월 신씨 횡시종가

경주●

전라북도

울산광역시

고창●   남원● ●함양
영광● 장성● ●담양

경상남도

●합천 ●창녕
●밀양

장흥 고씨 양신재

●구례

광주광역시

진주● 마산●

부산광역시

●나주 ●화순
●순천

전라남도

여수●

의성 김씨 사우당

●해남

해주 오씨 쌍산재

여름

장흥 고씨
양진제

:: 간장배추겉절이와 우엉찌개

간장 명인 기순도의 탄생

전남 곡성군 죽곡면, 1남 5녀 중 막내딸로 태어난 기순도 씨는 식모까지
두고 살 정도로 부유한 집안에서 자라 부엌에서 밥 한번 지어본 적이 없었
다. 그러다 24세가 되던 해, 장흥 고씨 집안으로부터 중매가 들어왔고 손에
물 한 방울 묻히지 않고 자란 막내딸은 종가의 맏며느리가 되었다.

종부는 광주에서 1년여 짧은 신혼을 보내고 담양에 있는 종택으로 보금
자리를 옮긴 뒤 2남 1녀를 낳아 기르며 여느 여인네들이 그렇듯 이름을 잊
고 살게 됐다. 1년에 열 번의 제사를 치르고, 시댁 어르신들의 생일까지 합
해 한 달에 큰 상을 여섯 번 차릴 때도 있었다. 오로지 상을 차리는 것만이
유일한 소임인 듯 여기며 살았다.

동국대 불교학과를 졸업한 종손은 결혼 전부터 승려가 되려고 했다.

하지만 종손이 승려가 될 수는 없는 법, 모처의 절에서 큰스님의 상좌를 하는 종손을 그냥 둘 수 없어서 가족들이 억지로 환속시켜 종택에 끌어다 앉혔다. 세상 어디에도 마음 둘 데 없었던 종손은 산으로 들로, 그렇게 바깥으로만 나돌았다. 사람들은 종손이 도사 같다며 '고 도사'라 불렀고 어느 스님은 "큰스님이 될 사람인데 마누라한테 꽉 붙잡혀 사는구나!" 하고 탄식했다 한다.

"남편은 애초부터 속세에는 뜻이 없었지요. 마음이 언제나 산속에 있는 사람이었습니다. 하지만 문중과 가족에 대한 사랑과 책임감도 잊지 않았습니다."

결혼한 지 얼마 되지 않았을 때 남편은 종부를 불렀다.

"나는 명이 짧으니, 가족들에게 살 만한 기반을 만들어주고 산에 들어가겠습니다."

평소 사람의 몸에 관심이 많았던 종손은 고문서를 보고 연구했고 양봉업을 시작했다. 그리고 머지않아 죽염을 구웠다. 종택 근처에서 채취한 대나무에 부안에서 나는 천일염을 넣어 소나무 장작에 구웠더니 죽염에서 단맛이 감돌았다. 종부가 남편이 구운 죽염으로 된장을 담가 보니, 장에서 감칠맛이 났다. 30년도 채 함께하지 못하고 남편이 일찍 세상을 떠난 뒤 종부는 남편의 뜻을 이어 죽염장을 팔기 시작했다. 360년 씨간장의 내공과 죽염장이 만났으니 그 맛이 오죽 좋을까. 종부의 간장이 입소문을 타면서 드디어 종부는 한국전통식품 제35호 진장陳醬 명인으로 지정됐다. 장흥 고씨 양진제 종부라는 이름에 가려져 있던 진짜 이름 '기순도'가 간장 명인으로 세상에 알려지는 순간이었다.

대나무에 구운 죽염으로 20여 년 장을 담다 보니, 어느새 우리나라에서 장을 제일 잘 담그는 장인이 된 만큼 종부의 장에 대한 생각은 극진하다.

"장을 담가서 먹을 때까지 1년 가까운 시간이 걸리니 장이야말로 진정한 슬로푸드 음식입니다. 우리나라 선수들이 올림픽에 나가서 금메달을 많이 따오는 것도 장맛의 힘 아닐까요?"

두 아들과 딸은 먼저 떠난 종손을 대신해 든든한 조력자가 됐다. 자식들이 식품공학을 전공하고 박사학위를 받은 덕분에 장맛과 관리에 엄격해질 수 있었다. 특히 맏아들 고훈국 씨는 아버지께서 하시던 죽염 제작을 도맡고 있다.

"아버지께서 구운 죽염에 어머니의 음식 솜씨를 조합해 우리 집만의 장이 만들어집니다. 아버지의 아이디어와 어머니의 손맛이 더해진 장이라, 장독대 곁을 못 떠나겠습니다."

자식들의 협조 덕분에 양진제의 장은 백화점에서도 찾게 되었고, 해외에서도 좋은 인기를 얻고 있다. 해외 교포들은 오랜만에 만나는 고향의 맛이라면서 직접 종가를 찾기도 한다.

360년 씨간장의 위엄

전남 담양군 창평 일대는 조선 중기 선조 때의 문인 제봉 고경명霽峯 高敬命, 1533~1592의 후손들이 일족을 이루고 있다. 고경명은 당파싸움으로 서인이 제거될 때 이미 동래부사직에서 물러나 낙향하였다. 이후 임진왜란이 일어

나자 60세의 노구로 의병 6천 명을 모집해 북상했다. 전라도를 침공하려는 왜군 1만2천 명과 금산에서 전투를 벌인 고경명은 1592년 7월 9일, 둘째아들 고인후와 함께 전사한다. 맏아들 고종후 역시 임피현감으로 있다가 의병을 일으켜 진주성 방어전에 참가해 전사했다. 선조는 고경명에게는 충렬공忠烈公, 고종후에게는 효열공孝烈公, 고인후에게는 의열공義烈公이라는 시호를 내렸고 이들을 기리는 사당 '포충사褒忠祠'를 지어주었다.

장흥 고씨 고경명의 14대 종부, 양진제 고세태의 10대 종부보다는 '간장명인'이라는 이름으로 더 유명한 기순도 종부는 종택의 입지가 자연적으로 장맛이 좋을 수밖에 없는 곳이라고 한다. 담양은 누구나 다 아는 대나무의 고장으로 대숲의 면적이 16km²에 이른다. 전국 대나무 생산량의 30%를 차지하고 있으니 죽염을 만들 주재료가 지천에 널린 셈이다.

600여 개가 넘는 장독이 햇볕 아래 평화로운 가운데, 장독 뚜껑에 올린

360년 된 씨간장

돌멩이들이 반짝거린다. 장독마다 간장인지, 된장인지, 청장(햇간장)인지 묵은 장인지 표시하는 종부만의 노하우다.

"장맛이 좋지 않으면 제아무리 좋은 채소와 고기가 있어도 좋은 요리를 할 수 없잖아요. 요즘 젊은 사람들은 우리 간장 맛이 다 같은 줄 아는데, 사실 간장이라고 부른다고 해서 다 같은 장이 아니랍니다. 음식에 맞게끔 간장을 다르게 써야 하고, 그렇게 잘 만들어진 음식이 집안의 내력과 품위를 말해주는 겁니다."

크고 작은 장독대 사이로 남다른 경계를 해놓은 장독이 있으니, 바로 360년 세월이 담긴 이 댁의 씨간장이다. 먹물처럼 새까만 빛에 맛이 진하기가 이루 말할 수 없다. 씨간장은 일상적인 요리에는 쓰지 않고 제사나 명절에만 조금씩 꺼내 쓸 수 있다. 일반적으로는 씨간장을 쓴 만큼, 또 증발한 양만큼 햇간장으로 채워 넣는데, 양진제에서는 2~3년에 한 번씩 진간장까지 넣는다. 변함없는 장맛을 유지하는 것이 쉬운 일이 아니다.

밥상의 진짜 주인공은 간장

양진제 종가에서는 모든 상차림의 기본이 간장이 된다. 상을 차릴 때도 간장이 가장 먼저, 그리고 한가운데에 자리한다.

"반드시 간장을 제일 먼저 상에 올려야 해요. 시집와서 간장을 놓지 않았던 적이 많았는데 그러면 시어머니께서 '새아가, 밥상에 간장이 빠졌구나. 어서 종지에 담아 오너라' 하고 매번 말씀하셨습니다. 벌써 40년 전 일이네요. 그 뒤 수십 년간 습관이 돼 우리 밥상에는 간장이 제일 먼저 오릅니다."

대대로 간장을 얼마나 귀하게 여겨왔는지 잘 알 수 있는 대목이다. 이 댁에서 맛볼 음식은 젓갈 대신 간장으로 맛을 내는 '간장배추겉절이'와 '우엉찌개'다. 우엉은 유럽과 시베리아 중국 등지에 넓게 분포돼 있지만 대부분 약용으로만 활용할 뿐 요리로 쓰는 나라는 드물다. 하지만 우엉은 맛은 물론 영양학적으로 무척 우수한 식재료이다. 식이섬유 함유량은 채소 중 으뜸이라 할 만큼 풍부하고 장 속의 독소나 가스, 숙변을 내보내줘 변비 개선은 물론 몸의 부기를 가라앉혀주며 대장암을 예방하는데도 효과적이다. 또 사포닌이 다량 함유돼 있어, 콜레스테롤과 지방을 없애주고 혈액순환을 촉진시켜주니 약재에 가까운 음식이라 할 수 있다.

간장배추겉절이

1 연한 배추를 한 잎씩 떼어 칼로 쭉쭉 갈라서 소금에 절인 뒤 씻어서 물기를 뺀다.

2 젓갈 대신 진장(진간장)에다 고춧가루, 다진 마늘, 설탕, 소금을 넣어 배추와 버무린다.

종부의 요리 TIP

"매운 양념을 버무릴 때는 참기름을 손에 한 번 바르고 버무립니다. 지금은 주방용 위생 장갑이 있지만 옛날에는 없었잖아요. 참기름을 바르면 손이 한 번 코팅이 되는 거니까 덜 매워요."

● 간장의 역사

고구려 고분 안악삼호분安岳三號墳 벽화에 장독대가 보이고, 《삼국사기三國史記》에도 683년에 왕비의 폐백 품목으로 간장과 된장이 기록돼 있는 것으로 보아 삼국시대에 이미 장류가 있었다고 짐작된다. 또한 고려시대에는 장류가 필수식품으로 정착됐는데, 1018년(현종 9년)과 1052년(문종 6년)에 각각 거란의 침입으로 굶주림과 추위에 떠는 백성들에게 소금과 장을 나눠줬다는 기록이 있고, 개경의 굶주린 백성 3만여 명에게 쌀과 조, 그리고 된장을 내렸다는 기록이 있다.

● 간장의 종류

크게 집간장, 국간장, 조선간장이라 불리는 전통간장과 왜간장, 개량간장으로 불리는 양조간장으로 나뉜다. 이 중 콩으로 메주를 만들어 곰팡이에 의해 발효와 숙성을 시킨 뒤 소금물을 부어 담그는 조선간장은 한국 고유의 조미료로 영양분이 풍부하며 담백하면서도 깊은 맛이 난다. 숙성 기한에 따라 청장, 중간장, 진간장으로 구분하는데 메주 발효액을 거르지 않은 채 맑은 국물만 따로 떠낸 청장은 색이 맑고 담백해 국물 간을 맞출 때 주로 쓴다. 청장을 3년 이상 숙성시킨 것을 중간장이라 하는데 맛과 향이 좋아 찌개나 나물 등에 넣으면 좋다. 5년 이상 숙성시킨 장을 진간장이라 하며 색이 진하고 달큰한 맛이 강해 약식이나 조림 등 달달한 맛을 내는 데 많이 쓴다.

우엉찌개

1 우엉은 껍질을 벗겨 어슷어슷 썬다.

2 우엉은 공기와 접촉하면 갈색으로 변하므로 식초를 탄 물에 담가둔다.

3 우엉을 건져내 깨끗이 씻은 뒤 물을 부어 우엉을 끓인다.

4 우엉이 익으면 조선간장으로 간을 맞추고 들깨가루, 다진 마늘, 홍고추를 썰어 넣은 뒤 한소끔 더 끓인다.

종부의 요리 TIP

"소금은 간만 맞춰주지만 간장은 특유의 맛이 있어 음식의 풍미를 더해주지요. 그래서 저희는 대부분의 음식에 간장 간을 합니다."

아삭하고 쌉싸름한 우엉과 구수한 들깨가루가 어우러져 더욱 건강한 맛이 나는 우엉찌개는 양진제를 대표하는 음식 중 하나이다.

"우엉하면 김밥의 부재료나 조림용으로만 생각하기 쉽지만, 우엉찌개는 시집오기 전 친정에서도 자주 해먹던 요리입니다. 특히 친정아버지께서 참 좋아하셨거든요. 막내딸인 저를 시집보내면서 우엉이 몸에 좋다며 우엉요리를 자주 해먹으라고 당부하셨던 것도 생각이 납니다."

젓갈 대신 간장을 넣은 간장배추겉절이는 덜 자극적이면서 담백하다. 간장으로 맛을 낸 종부의 상 앞에 온 가족이 둘러앉아 진한 간장처럼 깊은 정을 나눈다.

❖ 장흥 고씨 양진제
전남 담양군 창평면 유천길 154-15 | 061-383-6209
11대 종손 고훈국 010-3646-7086
〈고려전통식품〉 홈페이지 http://www.ksdo.co.kr

해주 오씨
쌍산재

:: 당몰샘 땅콩국수

장수의 기운을 담은 당몰샘

지리산과 섬진강을 배산임수로 하는 천하 명당, 구례군 마산면 사도리. 이곳은 백두산에서부터 굽이굽이 내려온 사나운 지리산 골짜기가 섬진강과 만나면서 평평한 모래사장을 만든다 하여 '사도리沙圖里'라는 이름을 갖게 됐다. 풀이하면 '모래로 그림을 그리는 마을'이라는 뜻인데, 모래로 그림을 그리다니 대체 어떤 그림을 그렸을까. 마을 어르신들은 우리나라 풍수지리의 대가이자 원조라 할 수 있는 도선국사道詵國師와의 인연이 이곳에 짙게 배어 있다고 자랑한다. 도선국사가 사도리에서 풍수의 이치를 연마했음은 물론, 귀인을 만나 큰 깨달음을 얻었다는 것이다. 도선이 세상에서 일어나는 온갖 일에 물음을 던지자 혹자가 모래 위에 삼국도를 그려 삼국통일의 징조를 암시해 주었는데 이에 도선이 깨달은 바가 있어 고려 태조 왕건

사도리의 장수 비결 쌍산재 당몰샘

을 도와 고려 창업에 큰 공을 세웠다고 전해진다.

　사도리는 장수마을로도 유명하다. 1986년 인구통계조사 결과 국내 최고의 장수마을로 꼽힌 것이다. 지금으로부터 20년도 훨씬 지난 일이지만 일흔을 넘기는 게 쉽지 않았던 시절, 이곳에서는 일흔을 청년이라 했고 아흔 넘은 노인이 10명도 넘었다. 그 명성 그대로 사도리는 지금도 손꼽히는 장수촌으로 알려져 있다.

　마을 사람들은 신비의 약수가 흐르는 '당몰샘'을 장수의 비결이라고 말한다. 겨울에는 따뜻한 기운이 돌고 여름에는 더욱 시원한 당몰샘은 7년 가뭄이나 석 달 장마에도 물의 양이 일정하고 물맛이 깔끔하며 며칠씩 두고 먹어도 맛이 변함없다고 해 전국 각지에서 물을 길으러 오는 이들로 북적인다. 당몰샘 벽면에는 '千年古里 甘露靈泉(천년고리 감로영천)'이라는 글귀가 붙어 있는데 풀이하면 '천 년 된 마을의 이슬처럼 달콤한 신령스러운 샘'이라는 뜻이다. 지리산 약초 뿌리 녹은 물이 흘러든다고 알려져 있으며, 전국 10대 약수터로 그 명성을 떨치고 있다.

쌍산재雙山齋 당몰샘, 노블레스 오블리주를 말하다

찾아오는 사람이 점점 늘자, 이용에 불편함이 없도록 당몰샘을 현대식 약수터로 깔끔하게 개조했다. 이 당몰샘을 틈날 때 마다 청소하고 관리하는 이는 해주 오씨 문양공파 쌍산재 6대손 오경영 씨다.

"이 당몰샘이 예전에는 쌍산재 사랑채 안에 있었다고 해요. 그런데 마을 사람들이 남의 집 대문을 거쳐 물을 뜨러 오니까 눈치가 보이잖아요. 그래서 마음 편히 물을 뜰 수 있도록 샘을 아예 담 밖으로 내 놓았다고 합니다."

종가의 배려 덕분에 당몰샘은 누구나 이용할 수 있는 마을의 공동 샘이 되었다.

해주 오씨 문양공파가 사도리 일대에 둥지를 튼 지 벌써 500년, 종손의 고조부의 호 '쌍산'을 따 이름 지은 쌍산재는 300년 된 고택이다. 쌍산재 어른들은 밖에 나가서 취직하지 말라고 자식들을 가르치며 집에서 글 읽고 농사짓기를 권했다. 세속을 멀리하고 인간의 욕심과 탐욕으로부터 자유롭기를 바랐던 것이다. 마을에서 인심이 자연히 따라왔다. 여순반란사건과 한국전쟁을 겪으면서도 쌍산재 사람들 중 죽거나 다친 이가 없는 이유는 쌍산재가 베푼 당몰샘 정신 덕분이다.

쌍산재의 미덕은 이뿐만이 아니다. 상주하는 일꾼만 10여 명이 족히 넘었을 터, 가족들까지 합쳐 수십 명의 밥을 할 때 밑에는 보리를 깔고 위에 쌀을 얹는 것은 당연했다. 그런데 밥을 풀 때, 집안의 어른인 조부의 밥을 푼 다음에 가족이 아니라 머슴들의 밥을 먼저 퍼주었다. 쌀이 귀하던 시절

머슴의 밥그릇에 쌀밥을 많이 담은 후에야 비로소 식구들의 밥을 펐던 것이다. 이렇게 일꾼을 가족보다 먼저 챙겼던 곳이 쌍산재다.

새경을 셀 때도 머슴이 직접 자기 품삯을 챙기게 했다. 주인은 일부러 밖으로 나가 머슴이 쌀되를 세는 것을 보지 않았다고 한다. 머슴이 조금이나마 쌀을 더 가마니에 넣을 수 있도록 하기 위해서였다. 약자에 대한 배려이자 작은 나눔, 쌍산재에서는 예부터 '노블레스 오블리주'를 실천해온 것이다.

종가의 빗장을 열다

바깥에서 보면 집의 규모가 여느 종가와 다를 바 없어 보이지만 쌍산재는 대지가 16,000m²에 이르고 별채를 서당으로 꾸밀 정도로 큰 집이다. 팔백석 농사를 지은 부농이지만 쌍산재는 대문이며 사랑채, 살림채, 건너채가 옹기종기 모여 있는 것이 소박하기 그지없다. 식구들은 보리밥을 먹을지언정 일꾼들은 쌀밥을 먹인 쌍산재의 정신은 시대가 변해도 변함이 없고 쌍산재의 명성은 날로 더하고 있다.

종손과 6대 종부 김정희 씨는 쌍산재를 깔끔하게 재단장하여 체험시설로 내 놓았다. 집의 원형은 그대로 살리되, 방마다 주방과 비데를 갖춘 화장실을 따로 두어 편의를 더했고 서당채 주변에는 간이수영장과 바비큐장까지 마련했다. 종가의 빗장을 열어, 많은 이들이 종가를 체험할 수 있게 한 것이다. 특히 쌍산재에서 대접하는 죽로차竹露茶는 임금께 진상했던 고급차로 차를 좋아하는 사람들 사이에서는 이미 잘 알려져 있다. 대나무 이슬을

해주 오씨 종택 쌍산재

먹고 자라는 죽로차를 위해 5년 동안이나 대나무밭에 외부인을 들이지 않았다고 하는데, 과연 그 죽로차 맛이 기가 막힌다. 차를 맛보기 전에 먼저, 아니 쌍산재에 가면 꼭 먹어봐야 할 음식이 있다. 친근한 듯 생소하게 들리는 '땅콩국수'이다. 여름에 먹는 것이니 시원한 콩국수와 비슷한 음식이라고 생각하기 쉽지만 뜨겁게 먹는 국수이다. 지치고 허기질 때나 땀을 많이 흘렸을 때 쌍산재에서는 이 뜨끈한 땅콩국수를 만들어 먹는다.

땅콩국수

1 껍질을 제거하지 않은 생땅콩을 물에 살짝 불린다. 당몰샘을 떠와서 불린 땅콩과 함께 맷돌이나 믹서로 곱게 간다.

종부의 요리 TIP

"땅콩은 볶은 것을 많이 먹는데 여기에 볶은 땅콩을 쓰면 고소한 맛이 너무 강해서 오히려 식감을 해칩니다. 그러니 생땅콩을 사용하는 것이 맛이 좋아요."

2 간 땅콩을 체나 망에 건더기는 걸러내고 고운 땅콩물만 받는다.

3 밀가루에 소금물을 조금씩 넣어 반죽을 한다.

> **종부의 요리 TIP**
> "소금물을 넣어서 반죽을 하면 면이 더욱 쫄깃쫄깃하고 잘 끊어지지 않습니다."

4 반죽을 방망이로 얇게 밀고 달걀말이처럼 여러 겹으로 접은 뒤, 칼국수 면 정도의 두께로 썬다.

5 땅콩물을 중간불에서 팔팔 끓인 뒤 면을 넣고, 서로 엉켜붙지 않도록 계속 저어준다.

6 한소끔 끓인 뒤 약한 불에서 익힌다.

● **땅콩의 영양학**

콩과에 속하는 일년생 초본식물 또는 그 열매. 땅콩은 지질 45%, 단백질 30% 이상을 함유하고 있으며 다량의 비타민 B1·B2, 칼륨과 미네랄이 함유된 영양적으로 우수한 식품이다. 주로 열매를 볶아서 그대로 먹는데, 과자를 만들거나 죽과 같이 환자의 보양음식으로 먹기도 한다.

고소한 맛이 일품인 고단백질 땅콩국수는 반찬을 따로 챙길 것도 없다. 긴 여름 해가 처마 끝에 걸릴 무렵 가족들과 둘러앉아 땀을 뻘뻘 흘리며 후루룩 먹는 땅콩국수 한 그릇이면 여름의 열기가 무색해진다. 쌍산재의 땅콩국수는 이열치열의 정신이 담긴 종가의 여름 별식이다.

❖ **해주 오씨 쌍산재** (숙박 가능)
전남 구례군 마산면 장수길 3-2
6대 종손 오경영 011-635-7115
http://www.ssangsanje.com

영월 신씨
판서종가

:: 숙주메탕국

평안한 땅, 안강의 종부를 찾아서

천 년의 숨결이 고고히 흐르는 유서 깊은 땅, 경주에는 '안강'이라는 작은 읍이 있다. 신라 경덕왕 때 주민의 평안함을 염원하는 뜻에서 '안강'이라 했다는 이 마을은 이름 그대로 평온하고 또 풍족하다. 경주 제일의 쌀 주산지이자 토마토, 단감 등의 특산물과 전국 최대 규모의 한우사육 등 축산이 발달한 복합영농지역인 것이다. 비록 읍 단위의 소도시지만 국보 제40호 정혜사지 13층 석탑을 비롯해 신라 흥덕왕릉과 옥산서원 등 무려 27섬의 문화재를 갖고 있는 유서 깊은 고장이다. 이 안강을 대표하는 뿌리 깊은 가문은 영월 신씨 판서공파로 19대 종손 신인석 씨와 종부 장정숙 씨가 종가를 꾸려가고 있다.

솟을대문을 그늘 삼아 종손과 종부는 그 아래에서 책도 읽고 바둑도 둔

영월 신씨 판서공파 종택

다. 근엄한 명문가의 부부라기보다는 여염집 부부처럼 편안하고도 정겹다. 1956년에 부부의 연을 맺었으니 한 이불을 덮은 지 벌써 55년, 7남매를 두고 출가를 시키는 동안 강산이 다섯 번 변했다. 부부는 이제 또 한 번 강산이 변해가는 것을 지켜본다.

"지금은 일이 많이 줄긴 했지만 층층시하 어른들에, 한 달에 제사와 집안 행사를 여덟 번 치렀던 때도 있었지요. 불천위 제사 지내는 날이면 더욱 정신이 없었습니다."

불천위, 영구히 제사를 받들다

본래 제사는 고조까지 4대를 지내게 되어 있고 그 위의 조상들은 시제사 때 한꺼번에 모시게 되어 있으나, 불천위에 봉해지면 영구히 제사를 지내게 된다. 가문에 불천위를 모신다는 것은 국가와 유림이 지정한 특별 예우

이기 때문에 단순한 조상숭배를 넘어 기념과 추도의 성격을 지니는 동시에 불천위를 모시는 문중의 입장에서는 위대한 조상을 가졌다는 영예가 된다. 그래서 불천위 제사에는 문중의 권위를 드러내기 위해서 시제사보다 훨씬 많은 음식을 차린다.

영월 신씨 판서공파 종가에서는 조선 중기 문신 신상뢰辛商賚, 1581~1643의 불천위를 모시고 있다. 임진왜란의 공신인 신상뢰는 1626년(인조 4년)에 풍천도호부사가 되어 많은 업적을 남겼다. 풍천군민들은 그를 기리는 동비 銅碑를 세웠다. 병자호란 때는 왕을 호위하여 남한산성에서 적군과 싸우는 공을 세워 호종원종공신扈從原從功臣으로 임명되었고 노비를 하사받았다. 또한 인조는 그의 공을 치하하여 '의를 잡고 있는 힘을 다하여 신하로서 충절을 나타냈으니, 어진 이의 공적을 기록한 것은 국가가 힘써 표창할 일이다' 라는 글을 내려 그 신위를 모시도록 명하였다.

"무관 출신으로 불천위를 받은 경우는 무척 이례적입니다. 신상뢰 선생은 문무를 다 겸비하였으며 재주가 많고 충이 뛰어나다고 기록되어 있습니다. 후손으로서 남다른 자부심을 가질 만하지요."

불천위를 모시는 사당, 부조묘不祧廟 앞에서 종손은 한없이 존경의 마음을 내비친다.

담백한 맛을 추구하다

판서종가는 제사상은 물론 일상적인 상차림도 소박하기 그지없다. 근검

절약을 중시하고 기름기를 멀리하는 가풍이 일찌감치 자리 잡은 덕분에 종가는 깔끔하고 개운한 음식을 선호한다. 이 댁에서 즐겨 먹는 메탕국 역시 다른 집에 비해 재료가 간소하다.

지역이나 집안마다 제사상에 올리는 탕국의 재료가 다르다. 생선살이나 오징어, 북어를 중심으로 한 어탕도 있고, 닭이나 쇠고기를 중심으로 한 육탕을 끓이는 집도 있다. 불천위를 모시는 집이라지만 영월 신씨 판서공파의 메탕국은 단출하게도 쇠고기와 무, 그리고 숙주만 있으면 된다.

"다른 재료는 필요 없고 고기와 무가 신선하면 됩니다. 깔끔하고 개운한 맛을 내는 데는 이 재료만으로도 충분하거든요."

무엇보다 숙주가 들어가는 것이 이 댁 메탕국의 가장 큰 특징이다.

"메탕국을 제사상에 올릴 때는 국으로 끓인 다음에 건더기만 건져서 제기에 담아 올립니다. 되도록 약하게 간을 해서 자극적인 맛을 안 내려고 하는데, 별다른 맛이 안 느껴져서 '맨탕국'이라고 부르기도 하지요."

메탕국을 쇠고기탕국으로 이해하면 간단한데 굳이 '메'를 붙인 이유는 '메'가 제사 때 신위 앞에 놓는 밥이라는 뜻이기 때문이다. 젯메 혹은 멧밥과 나란히 놓는 국이라서 메탕국이라는 재미있는 이름을 갖게 되었다. 불천위 제사를 비롯해 제사와 여러 상차림 때문에 손 마를 날 없었던 종부는 이제 특별한 날이 아니라도 메탕국을 자주 요리한다.

숙주메탕국

1 먼저 숙주를 뜨거운 물에 살짝 데친 뒤 건져내 찬물에 식힌다.

종부의 요리 TIP

"숙주는 국에 같이 넣어 익히는 것이 아니라 따로 데친 것을 나중에 넣습니다. 숙주에서 쌉쌀한 맛이 나오잖아요. 데쳐서 쌉쌀한 맛을 빼고 국에 넣어야 개운한 맛이 납니다."

2 무는 나박하게 썰고 쇠고기는 먹기 좋은 크기로 썰어 참기름과 조선간장으로 간을 한 뒤 볶는다.

3 쇠고기와 무가 익으면서 즙을 내면 물을 부어 팔팔 끓인다.

4 국이 끓으면 식힌 숙주를 넣고 중불에서 은근하게 30분 정도 더 익힌다.

　　이로써 쇠고기와 무, 숙주로만 요리한 메탕국이 상 위에 오른다. 생선을 즐기는 종손을 위해 매 끼니마다 빠뜨리지 않는 생선구이며 조물조물 무친 각종 나물들까지 한 상 그득하다. 반세기 넘도록 해로하고 있는 노부부의 삶처럼 기름기 걷힌 담백한 메탕국이야말로 이 댁과 가장 잘 어울리는 음식일 것이다.

❖ 영월 신씨 판서종가
경북 경주시 안강읍 초제길 46 | 054-763-4329

의성 김씨
사우당

:: 연잎밥과 녹차오이냉국

인륜을 닦는 마을 윤동倫洞, 사우四友를 만나다

국도 33호선을 따라 성주에서 고령 방면으로 가다 보면 국도변 마을 입구에 '윤동倫洞'이라고 새겨진 커다란 바위를 발견하게 된다. 참외로 유명한 경북 성주군 수륜면 윤동마을이다. 본디 대나무와 잣나무가 많다고 해서 죽백촌竹柏村이라 불린 이 마을은 16세기부터 지명을 수륜동修倫洞으로 바꿨다. 수륜동을 풀이하면 '인륜을 닦는 마을'인데, 수륜면에 윤동까지 '인륜 륜倫'자가 두 번이나 들어가니 마을의 정서가 남다를 듯하다.

마을 중앙에는 의성 김씨 성주 입향조인 김용초金用超와 그 부친의 학덕을 추모하는 재실을 중심으로 처마를 맞댄 여러 채의 기와집이 펼쳐져 있는데, 김용초 종택을 중심으로 16개의 누각과 정자가 어우러져 600년의 전통을 말해준다.

의성 김씨 종택 사우당

　의성 김씨 문절공 김용초의 종택은 '사우당四友堂'으로 더 잘 알려져 있다.
사우당은 김용초의 5대손인 사우당 김관석金關石, 1505~1542을 기념하기 위해
1794년(정조 18년)에 지어 여러 번 보수하고 개축한 300년 된 고택이자,
김용초의 당호다. 조선 중종 때 학자였던 사우당은 조정에서 제릉참봉의
벼슬을 내렸으나 부모가 계시는 집을 떠날 수 없다며 벼슬을 사양했다. 이
후 서당을 세워 많은 제자를 가르쳤으며《독서명문도편讀書銘聞道篇》을 비롯
한 도학道學과 관련한 여러 책을 펴냈다.

　'사군자를 벗한다'는 뜻의 호 '사우당'을 스스로 지은 김관석은 실제로
주변에 사군자를 많이 심고 가꿨다고한다. 사군자는 매화, 난초, 국화, 대나
무 네 가지 식물을 일컫는 말로써, 흔히 덕을 갖춘 군자의 인품에 비유된다.
이른 봄에 추위를 무릅쓰고 제일 먼저 꽃을 피우는 매화, 깊은 산중에서 은

은한 향기를 멀리까지 퍼뜨리는 난초, 늦은 가을에 첫 추위를 이겨내며 피어나는 국화, 모든 식물의 잎이 떨어진 추운 겨울에도 푸름을 잃지 않는 대나무. 이 사군자를 벗 삼아 은둔한 학자의 지조와 절개가 사우당이라는 이름에 서려 있다. 오랜 세월이 지나면서 사우당이 손수 심었던 매화, 난초, 국화가 사라진 지금 종가 주변에는 대나무만 무성할 뿐이다.

사우당 종부의 길

종택 주위로 연꽃이 만개하면 여름이 절정을 맞았다는 신호이다. 해마다 7~8월에 꽃을 피우는 연은 한여름의 상징이자, 사우당 종부의 생일을 알린다. 의성 김씨 문절공파 21대 종부이자, 사우당의 안주인 류정숙 씨는 아마 대한민국에서 얼굴과 이름이 가장 많이 알려진 종부일 것이다. 그는 성균관 유학대학원을 수료하고 대구향교 명륜교육원 원장, (사)고택문화보전회 이사 등 뿌리 깊은 이력을 가졌다. 또 사우당과 하회마을, 그리고 이명박 전 대통령의 고향인 덕실마을에서 성인식을 주관한 내공이 탄탄한 사대부 여인이다.

마당 구석의 400년 된 우물이나 돌담을 따라 산책할 수 있는 잔디마당, 경북 문화재자료 제561호인 사우당 종택만 해도 큰살림인데, 윤동마을이 녹색농촌체험마을로 선정되면서 종부는 더욱 바빠졌다. 양반가의 예법과 마음을 다스리는 다도를 체험하는 곳으로 종가를 활용하게 된 것이다. 어디서나 할 수 있는 흔한 것 대신 혼례와 제사 등 집안 대소사에 대한 예절

익히기, 직접 찻잎을 따서 달여 마시기 등 몸과 마음을 수련할 수 있는 프로그램들을 진행하고 있다.

"'예'라고 하는 것은 지식으로는 익힐 수 없는 겁니다. 마음에서 우러나오는 공경을 반복적으로 할 때 생기는 거지요. 절과 다도로 마음을 가다듬을 수 있도록 도울 뿐이에요."

단아한 한복 차림과 침착한 말투에서 종부의 카리스마가 느껴진다.

류정숙 종부는 풍산 류씨 서애 류성룡의 15대손이다. 6남매 중 막내딸을 명망 있는 종가로 시집보내면서 친정어머니가 얼마나 신경을 쓰셨는지 모른다.

"친정인 하회마을이 그렇게 먼 거리가 아닌데도 층층시하 어르신들 모시고 사는 종가인 만큼 어머니를 찾아뵐 여유가 없었습니다. 그러던 어느 날 어머니가 위급하시다는 연락을 받고 친정에 가던 중 시고조부님의 제사가 있는 바람에 이내 돌아왔지요. 무슨 일이 있어도 제사는 종부인 제가 지내야 된다고 생각했거든요. 제사는 잘 지냈지만 끝내 어머니의 임종은 지키지 못했습니다. 가시는 길을 지켜드리지 못해 항상 죄송한 마음이지요."

지난날을 담담히 술회하지만 종부의 눈동자는 금세 물기가 어린다. 그래서인지 종부는 더더욱 사우당의 안주인 자리를 이을 며느리가 짠하다. 부족한 것도 많지만 서울에서 시간 날 때마다 종택까지 내려오고, 하나라도 배우려고 애쓰는 차종부가 그저 기특하고 예쁘다고 한다. 종부의 삶을 잘 알기에 무엇보다 친정에 연락은 자주 하는지, 사돈 어르신들의 안부를 묻는 것도 잊지 않는다.

"어깨가 얼마나 무거워 보이는지 괜히 안쓰럽습니다. 내 삶을 이제 우리 며느리가 살겠구나 생각하면 어찌 안 예뻐할 수가 있겠어요?"

"종부의 길이라는 게 쉽지 않잖아요. 우리 시어머니를 보면 어떻게 저렇게까지 하실까 싶거든요. 저로서는 감당하기 힘들 거라는 생각이 많이 들었는데, 저도 점점 나이가 드니까 생각이 바뀌는 것 같아요."

22대 종부가 될 차종부 이주현 씨 역시 이런 시어머니의 마음을 잘 헤아린다.

여름의 절정에서 연잎밥을 맛보다

해마다 8월이면 종부의 생일잔치로 3대가 모여 절정을 맞은 연잎을 딴다. 종부의 생일밥은 언제부터인지 사우당의 여름 별식인 '연잎밥'이 되어버렸다. 가을부터 겨울까지 수확하는 연근을 제외하고, 연잎과 연자蓮子* 등은 6월부터 수확이 가능하다. 본래 우리나라에서 연잎밥은 민가보다는 사찰에서 스님들이 수행하며 즐기던 음식이다. 사찰음식답게 마음을 편안하게 해주고 오장을 다스려준다고 해서 요즘 들어 더욱 각광받고 있다. 특히 연잎밥은 기력을 왕성하게 하고 피로를 풀어주면서 정신을 안정시키는 데 효과가 있으니, 품격 있으면서도 든든한 여름 보양식이다. 중국에서는 오랜 옛날부터 연의 잎, 꽃, 열매, 뿌리 모두 약재로 쓰며 연을 불로장생의 음

* 연꽃의 열매로 '연밥'이라고도 한다.

식이라 칭송했다고 한다.

밥을 쌀 연잎을 고를 때는 어린잎보다는 늙은 잎이 제격이다. 연륜 있는 노인처럼 이파리에 거뭇거뭇한 검버섯이 피어난 연잎일수록 연잎밥 재료로 적당하다. 세월을 감내한 후에 깨달음을 얻는 우리네 인생과 연잎이 닮은 듯하다.

연잎밥과 잘 어울리는 시원한 '녹차오이냉국'도 함께 선보인다. 여름철인 만큼 차가운 음료를 많이 찾게 되는데 식초 성분을 섭취하면 배탈을 예방할 수 있으니, 맛도 맛이지만 오이냉국은 조상들의 지혜가 담긴 요리라 할 수 있다. 여기에 사우당 종부만의 아이디어가 더해졌다.

"차를 뜨거운 물에 우려서 마시는 것도 좋지만, 찬물에 마른 잎을 불려서 시원하게 마시는 것도 좋아요. 요리라는 게 별 게 아닙니다. 창작도 하고 소소한 아이디어를 더하면 특별한 음식이 되는 거지요."

일반적으로 녹차는 화를 가라앉히고 열독을 없애주는 음식으로 알려져 있다. 여기에 수분 보충과 진정효과가 뛰어난 오이가 만났으니 더위를 두 배로 날려버릴 수 있다는 것이 종부의 생각이다. 게다가 녹차오이냉국의 변신은 다채롭다. 성주의 특산물이자 여름 대표 과일인 참외를 썰어 넣으면 아삭거리는 식감마저 매력적인 '녹차참외오이냉국'이 된다. 이런 아이디어를 마주했으니 다른 과일이나 채소로 얼마든지 변형을 꾀해볼 만하다.

연잎밥

● **연잎밥의 영양학**

연잎밥은 대표적인 사찰음식 중 하나로 탄수화물과 단백질, 지방이 풍부해 특히 저혈압에 좋은 식품으로 알려져 있다. 《본초강목》에 '연은 기억력을 왕성하게 하고 모든 질병을 물리치며 오래 먹으면 몸이 가벼워지고 수명을 연장시킨다'고 기록되어 있다.

1 늙은 연잎을 따서 한 장씩 깨끗하게 씻는다.

2 씻은 연잎은 물기를 잘 닦아 그늘에서 잠깐 말린다.

종부의 요리 TIP

"말린 연잎은 연잎밥에 쓰기도 하지만 살짝 볶아서 우리면 더할 나위 없이 시원한 차가 됩니다. 연잎차는 비위에 거슬리지 않을 정도로 달짝지근하며 무엇보다 갈증을 해소하는 기능이 있어 예부터 대표적인 여름 약재로 쓰였지요. 숙취해소에도 좋고 무더위로 지친 심신을 달래는 식수로도 제격입니다."

3 연잎을 말리는 동안 연자밥을 짓는다. 먼저 찹쌀과 멥쌀을 5:3의 비율로 물에 불린다.

종부의 요리 TIP

"일반적으로 불린 쌀을 연잎에 싸서 찌는 것과 달리 사우당의 연잎밥은 밥을 따로 한 뒤 연잎에 싸서 한 번 더 쪄냅니다. 처음부터 함께 찌는 것보다 향이 더 좋아지지요."

4 불린 쌀, 미리 삶아 둔 연자와 검정콩, 팥 등을 섞어 밥을 안친다.

5 밥이 완성되면 충분히 섞은 뒤 연잎을 쫙 펴서 한 주걱 정도만 가운데에 올려 모양을 가지런하게 다듬는다.

6 밥 위에 호두, 대추, 잣 등을 고명으로 올리고 연잎을 사각형 모양으로 싼다.

7 잘 싼 연잎밥을 찜통에 담고 중불 위에 올려 40분가량 푹 찐다.

녹차오이냉국

1 채 썬 오이와 미역에 식초, 설탕, 소금으로 간을 한다.

2 마른 녹차 한 숟가락을 넣은 뒤 매실진액으로 새콤달콤한 맛을 더한다.

3 시원한 생수를 붓고 마지막으로 얇게 저민 청고추, 홍고추와 얼음을 같이 띄운다.

너른 마루에 3대가 둘러앉아 연잎밥 한 덩이와 녹차오이냉국으로 차려진 상을 받는다. 깔끔하고도 정갈한 매력이 있는 사우당의 여름 별식이다. 다음 대를 이어갈 차종손 김우진 씨는 연잎밥이 애틋하기만 하다.

"저는 연만 보면 어머니 생각이 납니다. 부모님께서 농사짓던 땅을 연밭으로 만드는 데 엄청 애를 쓰셨거든요. 무엇보다 이 맛을 이어가야 하는데 나중에도 우리 어머니의 손맛을 낼 수 있을지, 아내 손에 달렸다고 생각하니 한편으로는 우려도 되지만 항상 격려해주고 싶습니다."

차종손의 말끝에 효심은 물론 아내를 위하는 마음이 묻어난다.

21대 종손 김기대 씨는 그동안 아내를 위해 몇 편의 시와 노랫말을 썼다. 그중 윤동마을 홈페이지에도 소개된 「종부의 길」은 오롯이 아내를 위한 노랫말이다. 그간의 삶을 그 누가 알아줬는지 모르지만 종손이 이렇게 노래로 고백했으니, 종부는 몸은 힘들었을지 몰라도 마음만은 늘 행복했을 것이다.

종부의 길

꽃다운 스무 살에 종부가 되어

육백년 내려온 종가집 예법에 따라

조상님께 누가 될까 이 가문에 폐가 될까

숙명처럼 살아온 종부의 길

하늘이 내 맘 알고 땅이나 알지

이 가슴 태운 속을 그 누가 아리요

몸가짐 언행 하나 조심하면서

꽃처럼 곱던 얼굴 백발이 다 되도록

외로워도 말 못하고 괴로워도 참아내며

오직 한길 지켜온 종부의 길

하늘이 내 맘 알고 땅이나 알지

한 많은 그 사연을 그 누가 아리요

❖ **의성 김씨 사우당** (숙박가능)

경북 성주군 수륜면 수륜길 54-4 | 054-932-3636

21대 종부 류정숙 011-9362-5433

〈윤동마을〉 홈페이지 http://www.yundong.kr

124

안동 권씨
춘우재

:: 가지불고기와 가지냉국

춘우재, 봄비를 닮다

넓게 펼쳐진 들판 옆으로 나지막한 돌담들이 정다운 곳, 경북 예천군 용문면 저곡리는 상금곡리 금당실마을과 함께 예천을 대표하는 양반마을이다. 저곡리 어귀에서 사람들을 반갑게 맞이하는 것은 고색창연한 춘우재春雨齋다. 안동 권씨 복야공파의 10대손인 야옹 권의野翁 權檥, 1475~1558는 약 400년 전 저곡리로 들어와 후손과 가문을 일으켰다. 권의의 후손들은 저곡리에 뿌리를 단단히 내려 집성촌을 이뤘고, 야옹 권의를 모시는 사당 야옹정 외 함취정, 연곡고택 등에서 안동 권씨 복야공파의 당당한 위상을 엿볼 수 있다.

춘우재는 권의의 손자인 권진權晉, 1568~1620이 지은 집이자, 그의 당호다. '봄 춘春'에 '비 우雨'자가 어우러져 이름에서부터 벌써 운치가 느껴진다. 전하는 기록에는 1625년에 불탄 것을 1800년대에 중건했다 하니 벌써

400년이나 된 고택이다. 지금은 편의에 따라 조금씩 변형된 부분들이 있지만 담 안쪽으로 ㅁ자형의 안채와 사랑채 등 대목으로 기둥을 다룬 고급 기법이 19세기까지 전승되었음을 보여준다. 이런 학술적인 가치 때문에 춘우재는 지난 1993년에 경북 민속문화재 제102호로 지정되었다.

안동 권씨의 시조는 권행權幸이다. 고려 개국에 큰 공을 세운 권행은 안동부安東府를 식읍食邑*으로 받았는데 이를 후손들이 세습하여 천 년 이상 안동을 본관으로 세거해 온 안동의 대표 성씨다. 고려 개국과 함께 안동 권씨는 수많은 인재를 배출해왔는데 특히 권보權溥는 자신과 그의 다섯 아들, 세 사위가 모두 봉군封君되어 '당대구봉군當代九封君'으로 크게 명성을 떨쳤다. 이는 역사상 전무후무한 대단한 기록이다.

여름 텃밭은 손님맞이 비상 냉장고

춘우재 살림을 맡고 있는 13대 종부 조동임 씨는 경북 영양이 친정으로, 시인 조지훈을 배출한 한양 조씨 27대손이다. 보고 듣고 자란 것이 여염집과 달라서였는지 종부는 춘우재 살림을 처음부터 곧잘 했다.

춘우재를 빙 둘러 너른 텃밭에는 30가지 넘는 갖가지 채소들이 자란다. 어린 순을 나물로 먹는 어수리, 상추, 참나물, 곰취, 참깨, 각종 약용이나 향

● 공신에게 특별 보상으로 주는 땅

안동 권씨 종택 춘우재

신료, 초피나무까지 없는 게 없다. 농약을 전혀 치지 않기 때문에 매일 잡초를 뽑고 가꾸어야 하는데 여기에는 13대 종손 권창용 씨의 공이 크다. 이들 부부가 이렇게 텃밭에 정성을 쏟는 이유는 따로 있다.

"지금은 좀 뜸하지만 예전에는 시도 때도 없이 손님들이 찾아왔어요. 특히 음식이 상하기 쉬운 한여름에도 텃밭의 채소들이 있으니까 싱싱한 제철 요리를 대접할 수 있었지요. 종가의 음식이라고 해서 꼭 귀한 재료로만 요리하는 건 아니랍니다."

춘우재 텃밭은 지금도 한여름 식재료 저장고 노릇을 톡톡히 하고 있다.

《음식디미방》 '맛질'을 품은 손맛

안동 권씨 복야공파의 손맛이 남다른 이유가 있다. 석계 이시명石溪 李時明의 부인, 정부인 안동 장씨 장계향張桂香, 1598~1680이 쓴 우리나라 최초의 한글 조리서 《음식디미방》에서 밝히고 있는 '맛질방문'이기 때문이다. 맛질 방문은 바로 맛질에서 행해지는 方文(방문, 조리법)이라는 뜻인데, 최근 많은 학자들이 밝히고 있는 맛질이 바로 춘우재가 있는 경북 예천군 용문면 저곡리다. 즉 정부인 안동 장씨가 집안에서 전해오는 146개 항목의 음식 조리법을 수록한 《음식디미방》은 사실 저곡리에 살다가 안동 장씨 집안으로 시집간 장계향의 친정어머니, 안동 권씨의 솜씨라는 것이다. 안동 권씨 집안의 조리법이 《음식디미방》으로 재탄생되었으니 춘우재의 손맛이 기대되는 것은 당연한 일이다.

가지의 재발견

춘우재의 여름 대표 반찬은 '가지불고기'이다. 불고기라고 하지만 고기가 들어가는 것은 아니다. 가지를 두툼하게 잘라 고기처럼 굽기 때문에 가지불고기라는 이름을 붙였다고 한다.

"대개 종가의 음식은 철에 따라 날씨에 따라 달라지는데 가지는 6월 중순부터 많이 나서 여름에 먹기 가장 좋은 채소입니다. 아마 대부분 쪄서 무치거나 볶아서 먹는데 저희 집안에서는 가지를 기름에 구워 양념해서 먹어요."

가지는 스펀지처럼 기름을 잘 흡수하는 성질이 있어 기름과 만나면 열량의 공급이 쉽고, 소화흡수율이 높아지며 풍미도 좋아진다. 가지불고기와 함께 먹으면 더욱 맛있는 '가지냉국'도 빼놓을 수 없다. 냉국 하면 보통 오이냉국을 떠올리는데 가지로도 아주 특별한 냉국을 만들 수 있다. 특히 가지는 성질이 차갑기 때문에 열을 내리고 잃어버린 입맛을 되찾아 주는 데 그만이다. 또 수분이 94%나 되기 때문에 수분이 부족한 여름철 피부미용에도 더없이 좋은 식재료이다. 가지냉국을 만드는 방법은 오이냉국과 비슷한데 오이 대신 가지를 준비하면 된다.

가지불고기

1 가지를 깨끗이 씻어 마른행주나 키친타월로 닦아 물기를 제거한다. 가지에 물기가 남아 있으면 기름이 튀므로 꼼꼼히 닦아야 한다.

2 가지를 세 토막으로 자르고 자른 가지의 한 토막을 십자 모양으로 길게 가르는데, 오이소박이를 할 때처럼 끝을 조금 남겨둔다.

3 프라이팬에 식용유를 두르고 가지를 굽는다. 타지 않도록 앞뒤로 뒤집어주며 갈색빛이 노릇노릇하게 돌 때까지 굽는다.

종부의 요리 TIP

"가지는 특유의 아린 맛 때문에 날것으로 먹기가 쉽지 않은데 이렇게 구우면 보랏빛과 갈색빛이 어우러져 먹음직스럽게 보입니다. 특히 다른 요리는 기름이 많이 들어가면 느끼하고 겉돌지만 가지와 기름은 궁합이 아주 잘 맞아요."

4 국간장과 양조간장을 1:2의 비율로 섞은 뒤 고춧가루, 다진 마늘, 잘게 썬 양파, 깨소금, 참기름을 넣어 양념장을 만든다.

5 먹기 직전에 가지불고기 위에 양념장을 골고루 끼얹는다.

가지냉국

1 가지를 적당한 크기로 잘라 찜통에 찐 뒤 먹기 좋게 찢는다. 물에 데치는 것보다 찌는 것이 맛과 색감이 좋다.

2 찐 가지에 국간장, 다진 파와 마늘, 청양고추, 깨소금 등을 넣고 조물조물 주물러서 간이 배게 한다.

3 양념한 가지에 물을 붓고 얼음을 띄운다.

● **가지 고르는 법**

가지는 모양이 곧고 햇빛을 많이 받아 껍질이 짙은 보라색을 띨수록 맛이 좋다. 통통하면서 적당히 단단하고 꼭지 부분이 깔끔한 것을 고르도록 한다.

● **가지의 영양학**

보라색 컬러 푸드의 대명사 가지는 벤조피렌, 아플라톡신처럼 탄 음식에서 나오는 발암물질 PHA 등을 억제하는 효과가 높고 비타민 함량이 높아 피로 회복에 효과가 있으며 눈 건강에 좋은 안토시아닌이 풍부하다. 무엇보다 필수지방산인 리놀렌산과 세포 손상을 막는 비타민 E가 많이 들어있는데 두 성분은 지용성물질로 기름과 조리하면 몸에 쉽게 흡수된다.

짭짤한 양념과 기름을 머금은 가지의 부드러운 식감이 금세 식욕을 돋운다. 고택 체험을 위해 종택을 들르는 사람들마다 가지불고기를 내놓으라고 으름장이다. 춘우재에서 가지불고기를 맛보지 않고서는 춘우재를 다녀왔다고 할 수 없다는 말까지 나올 정도다.

여름의 가장 흔한 식재료 가지로 맛과 영양을 두루 갖춘 가지불고기와 가지냉국을 손쉽게 차려내는 종부의 솜씨에 수백 년 전, 음식디미방의 기운이 깃들어 있다.

❖ 안동 권씨 춘우재 (숙박 가능)

경북 예천군 용문면 맛질길 101 | 054-655-1717

13대 종부 조동임 010-5163-3717

안동 장씨
경당종가

:: 명태보풀림과 수란

무례를 경계하라

안동은 유림의 본고장으로 도시 곳곳에서 '정신문화의 수도'라 쓰인 표지판을 볼 수 있다. 이름난 양반마을답게 안동에는 여러 종가가 있다. 대쪽같으면서도 부드럽고, 유연하면서도 꼿꼿한 안동의 내로라하는 종택들 가운데 안동 장씨 경당종가는《음식디미방》을 저술한 장계향의 친정이며, 조선 중기의 학자 경당 장흥효敬堂 張興孝, 1564~1633를 배출한 가문이다. 평생 학문에만 매진하고 후진 양성에 힘썼던 경당은 특히 역학에 조예가 뛰어나《역학계몽통석易學啓蒙通釋》의 〈분배절기도分配節氣圖〉에서 오류를 의심하여 20년 동안 이를 고증하고 연구해 '십이권도十二圈圖'를 만들었다. 이는《일원소장도一元消長圖》라 하여 후일 퇴계학의 연원을 이루는 것으로 이 한 편만으로도 그의 학문은 널리 인정받고 있다.

장흥효는 무엇보다 평생 타인을 배려하는 '경敬'의 삶을 실천한 인물로 유명하다. 그는 책상머리 양쪽에 '敬' 자를 크게 써 붙이고는 자신을 낮추고 상대를 공경하고 배려하는 것을 사람됨의 기본으로 삼았다. 호를 '경당'으로 짓고 일평생 타인에 무례한 것을 경계하고 또 경계했음은 물론이다.

경당이 51세 때부터 10년간 쓴 《경당일기》는 조선 중기 성리학의 흐름과 향촌 사회의 생활상을 보여주는데 '남을 꾸짖는 데는 밝고, 자기를 꾸짖는 데는 어두웠다. 친지의 초대에 갔다가 과음하여 말실수를 하는 지경에 이르렀다'는 이 한 구절에서도 경의 삶을 살다간 그의 면모를 엿볼 수 있다.

스스로에게만 지나치게 관대한 현대인들에게 취중의 실수조차 뼈저리게 반성하는 경당의 삶은 시사하는 바가 크다. 평생을 자기 수양과 자아 성찰의 삶을 살다간 경당을 현대에 다시금 사유하는 이유가 바로 여기에 있다.

아녀자의 정성과 인내로 만드는 건강식

많은 사람들이 명품 종가체험으로 경당종택을 꼽는 이유는 앞서 밝힌 바와 같이 《음식디미방》을 저술한 정부인 장씨의 친정이기 때문이다. 장계향의 명성을 잇는 안동 장씨 경당종가 11대 종부 권순 씨가 만드는 안동지역 양반의 7첩 반상은 이미 그 명성이 자자하다. 종부의 친정은 조선 후기의 문신이었던 산택재 권태시山澤齋 權泰時, 1635~1719의 종가이다. 종가에서 태어나 종가로 시집온 종부는 일생을 종가의 사람으로 살고 있다. 그런 종부에게 절대 잊을 수 없는 기억 하나가 있다.

25세의 과년한 처녀가 한 살 많은 종손을 만나 혼례를 치르던 날, 꽃다운 신부는 화사한 혼례복 대신 흰 한복으로 절을 올려야만 했다. 시할머니와 시어머니가 돌아가신 지 얼마 되지 않았기 때문이다.

"신혼의 재미는 언감생심이었지요. 결혼 후 남편은 군대에 갔고 안주인 없는 종가에 와서 삼년상을 지냈습니다. 시어머니 빈소에 3년간 조석을 올리고 곡을 했지요. 그리고 시누이에게서 요리를 배웠어요."

시누이에게 배운 종부의 요리는 종가의 자랑이 되었고 덕분에 종택은 수많은 사람들이 찾는 명소가 되었다. 종부가 소개할 경당종가의 음식은 '명태보풀림'과 '수란'이다. 명태보풀림은 이 댁에서 즐겨 먹는 반찬이지만 반나절을 명태를 두드려야 맛볼 수 있는 귀한 음식이다. 수란은 달걀을 깨뜨려 수란짜에 담아, 끓는 물에 수란짜를 중탕으로 넣어 흰자만 익힌 것으로 목 넘김이 좋은 것은 물론 소화에도 좋다.

안동 장씨 경당고택

'경당고택' 편액

명태보풀림

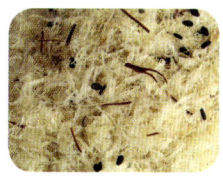

1 말린 명태의 지느러미와 껍질을 벗겨 내고 손으로 찢어 천에 싼 뒤, 방망이로 두드리기를 반복한다.

2 살을 한 번 발라낸 뒤 방망이로 다시 두드린 뒤 손바닥으로 비벼 보풀을 일으킨다.

3 잘게 찢은 명태살을 키를 켜, 바람에 날리는 고운 보풀만 따로 받아낸다.

4 소금과 설탕으로 간을 하고 참기름을 넣어 버무린다.

종부의 요리 TIP

"참기름을 먼저 넣으면 부드러운 명태보풀림이 덩어리가 집니다. 나중에 간을 하려면 한참을 버무려야하니까 힘들지요. 꼭 먼저 간을 하고 마지막에 참기름을 넣어야 합니다."

말린 명태살을 손으로 찢어서 몇 번이고 방망이질을 하고 그 명태살에 바람을 일으켜 저 너머로 날린 미세한 명태살만 엄선하는 이 작업은 요리가 아니라 어떤 수행의 과정처럼 느껴진다. 키에 날려 소복이 앉은 명태살은 겨우 한 줌이 될까 말까다. 이 한 줌을 위해 종부는 수십, 수백 번 방망이를 두드리고 키를 날리는 것이다.

"억세고 거친 것 없이 부들부들한 명태살로 반찬을 만드는 거예요. 지금은 이렇게 하지만 예전에는 명태살 하나하나를 숟가락으로 긁어냈습니다. 명태보풀림 하나 만드는 데 몇날 며칠이 걸렸지요."

일반 가정에서는 전통방식으로 명태보풀림을 만들기 힘들 것이라며 종부가 쉽게 만들 수 있는 방법을 알려준다. 명태포를 물에 불려서 짠 기운을 약간 뺀 뒤 잘게 잘라서 믹서에 살짝 갈아도 명태보풀림이 된다고 하니 한 번 도전해볼 만하다.

수란

1 신선한 달걀을 노른자가 풀어지지 않도록 주의하여 수란짜에 깨뜨린다. 수란짜가 없으면 사기그릇이나 스테인리스그릇을 사용한다.
2 끓는 물에 수란짜를 넣어 흰자가 익을 때까지만 중탕한다.
3 소금을 약간 넣어 간을 하고 송송 썬 실파, 실고추, 참깨 등을 고명으로 얹는다.

반나절을 두드리고 날렸던 명태보풀림과 수란, 부추채국 그리고 안동의 특산품 간고등어 등 뚝딱 하는 사이에 7첩 반상이 차려진다. 하지만 종부와 종손은 겸상을 하지 않는다. 종가의 법도대로 종손의 상은 따로 차린다.

"사대부에서 부부는 절대 겸상을 하지 않습니다. 부자지간에도 겸상을 않지요. 대신 할아버지와 손자는 같이 먹을 수 있고 형제간에도 겸상을 할 수 있습니다. 하지만 부자간과 부부는 겸상하는 법이 없습니다."

상차림뿐만 아니라 밥을 먹는 데에도 순서가 있다. 먼저 간장을 혀끝에 살짝 대 입맛을 돋우고, 국으로 입을 적신 뒤에 밥과 찬을 먹는다. 순서에 따라 밥을 먹으면 맛이 더욱 좋다고 한다.

경당종가에서는 안동 간고등어보다 명태보풀림과 수란을 최고의 반찬으로 여긴다. 종손은 종부가 어떤 마음으로 요리했는지 누구보다 잘 아는 탓에 아내에게 늘 고마워한다.

"명태보풀림은 무엇보다 음식을 만든 사람의 정성을 생각해서 감사하는 마음으로 먹어야 합니다. 특별한 비법이 있는 것은 아니지만 번거롭고 귀찮은 요리를 마다않은 그 공이 어우러지니까 더욱 귀한 음식이지요."

종손이 종부에게 특히 더 고마워하는 이유가 있다. 몇 해 전, 종손은 갑상선암 진단을 받았다. 고통이 너무 심해 넉 달 만에 생을 포기하려 했을 때 그를 살린 것은 종부의 손맛이었다. 말린 팥잎을 살짝 볶아서 콩가루를 묻힌 뒤 다시다와 멸치 우린 물로 끓이는 팥잎국은 종손을 살린 일등공신이다. 담백하고 구수한 팥잎국은 자극적이지 않아 갑상선암을 달래는 데 그만이었다. 또 하나 종손을 위한 밥상에 빠지지 않았던 것이 앞서 소개한 수란이다.

"종손이 갑상선암 때문에 입과 목에 통증이 있으니, 씹고 삼키기에 편한 음식만 했습니다. 특히 맵고 짠 음식은 몸에도 안 좋고 목 넘김도 어려우니 되도록 피했지요. 수란은 영양식으로 제격이었습니다."

종가의 밥상은 곧 약상이라고 했다. 오랜 시간 수고와 정성을 아끼지 않는 종부 덕분에 이 댁의 밥상은 매일 약상으로 거듭난다.

❖ **안동 장씨 경당종가** (숙박가능)
경북 안동시 서후면 성곡제일길 2-38 | 054-852-2717
11대 종손 장성진 011-538-5599

안동 권씨
충정종가

:: 국화채와 육말

봉화 춘향면의 권진사댁

만산고택과 만회고택에 이어 봉화의 오랜 손맛을 보여줄 곳은 춘양면 의양리에 자리한 '권진사댁'이다. 경북 문화재자료 제190호로 지정된 권진 사댁의 실제 이름은 '성암고택省菴古宅'이다. 건너 마을 운곡에 살던 안동 권 씨 충정공파 종택이 1880년 이곳으로 이주해 집을 지었는데, 이 댁에서 난 조선 후기의 학자, 성암 권철연省菴 權喆淵, 1874~1951이 1880년에 사마시司馬試ᐟ 에 합격하여 생원을 지내면서 종택은 자연스럽게 성암고택이라 불리게 됐 다. 이후 동네 사람들이 성암 권철연을 권진사라 부르기 시작하면서 성암 고택은 자연스럽게 권진사댁이 되었다.

● 생원과 진사를 선발하는 과거 시험

'권진사댁'으로 불리는 안동 권씨 성암고택　　　　겹겹이 쌓여 있는 수십 개의 소반

　　권진사댁은 만석꾼에서 조금 모자란 팔천석꾼으로, 지역의 내로라하는
애국지사와 문인들이 권지사댁의 문지방이 닳도록 드나들면서 그 명성을
더했다. 팔천석꾼의 추억을 간직한 권진사댁에서는 무엇보다 시렁 위에 놓
인 10여 개의 소반이 제일 먼저 눈에 띈다.

　　"시어머니께서 그러시는데, 옛날에는 이 소반이 100개도 넘었다고 합니
다. 손님이 하도 많이 오시니까 각각 1인상으로 올리는 상이 모자라서 진
사어른, 그러니까 저희 증조부께서 상을 100개 더 만들라고 하셨대요. 목
수가 석 달을 아예 이 집에 머물면서 소반을 다 만들었답니다."

　　손님 많은 집의 맹위를 떨치던 100여 개의 소반들은 도둑을 아홉 번이
나 맞으며 지금은 몇 개 남지 않았다. 도둑맞은 것이 어찌 소반뿐이겠는가.
집안의 귀한 물건들은 사람이 없는 틈을 타 눈 깜짝할 새 없어지곤 했다. 비
단 권진사댁만의 일이 아니라 이 시대를 살고 있는 모든 종택과 고택의 고
민이기도 하다.

깍쟁이 서울 종부의 손맛

"제가 요리 솜씨도 별로 좋지 않은데다 지금까지는 종택을 손질하고 보수하는 데에 많은 시간과 공을 들였습니다. 그래서 제가 종부지만 집안 음식을 선뜻 선보이기에는 좀 부족하지 않나 하는 생각을 했는데 만회고택과 만산고택도 다녀오셨다 하니 저도 용기를 한번 내보겠습니다."

서울에서 살다가 종택으로 내려온 지 5년쯤 되었다는 15대 종부 맹보영씨는 아직 종가 살림이 손에 익지 않아 부끄럽다 말하지만 종택을 둘러보면 종부의 겸손함에서 비롯된 말임을 단번에 알 수 있다. 서울에서 내려와 시누이들에게 깍쟁이 소리도 많이 들었다는 권진사댁 종부가 선보이는 손맛은 국화잎으로 만드는 '국화채'이다.

"다들 국화의 꽃만 차나 전으로 먹는 줄 알지, 이파리를 먹는다고는 생각 못하거든요. 그런데 알싸한 향이 얼마나 좋은지 몰라요. 꽃 피는 가을에는 잎이 세서 못 먹고, 5월부터 초여름까지는 잎이 순하고 맛있어서 요리하기 좋습니다."

부드러운 국화잎과 새콤하면서 시원한 국물이 만나 갈증을 없애주는 국화채 한 대접이면 국수나 냉면을 말아 먹은 것처럼 속이 든든하다.

시원한 국화채와 함께 밥 반찬으로 먹기 좋은 육말은 종부가 자신 있게 선보이는 또 다른 메뉴이다. 이제는 해먹는 집이 거의 없다는 육말은 지금의 쇠고기볶음 같은 음식인데 조리법이 간단하면서도 깊은 풍미를 자랑한다. 보통 안동지역에서는 간장으로 육말의 간을 하는데 반해, 권진사댁에서는 고추장 양념을 하는 것이 조금 다르다.

국화채

1 부드러운 국화잎을 따서 깨끗이 씻는다.

2 국화잎에 밀가루를 얇게 묻힌다.

3 밀가루를 입힌 국화잎을 끓는 물에 살짝 데친 뒤 바로 찬 물에 넣어 식힌다.

종부의 요리 TIP

"끓는 물에 넣으면 국화잎에 밀가루가 얇게 코팅이 됩니다. 국화채는 차게 해서 먹는 음식이니까 밀가루 입힌 국화잎을 재빨리 식히는 게 중요해요."

4 잣, 땅콩, 깨를 곱게 빻는다.

5 4에 시원한 물을 부어 우린 뒤 채반에 건더기는 거르고 물만 내려 받는다.

6 5에 소금, 설탕, 식초로 간을 한다.

7 차게 식힌 3을 새콤달콤하게 간을 맞춘 6에 넣는다.

8 시원하게 냉장보관 했다가 먹을 때 채 썬 석이버섯, 잣, 실고추로 고명을 얹어 낸다.

육말

1 쇠고기를 다져 참기름을 두른 뒤 달달 볶는다.

2 고기가 어느 정도 익으면 다진 마늘과 고추장, 꿀을 넣고 계속 볶는다.

3 쇠고기가 익으면 접시에 담아 잣과 깨로 고명을 얹는다.

한번 만들어 놓으면 두고두고 손님 접대에 좋은 육말은 고기를 볶았기 때문에 보관하기도 좋아 사시사철 요긴한 반찬이다. 뜨거운 밥에 육말을 몇 점 올리면 양반 체면이고 뭐고 할 것 없이 슥삭슥삭 비벼서 먹게 되니, 고소하고 담백한 육말이야말로 원조 밥도둑이라 할 수 있다.

육말과 국화채로 차려진 밥상을 종손 권탄웅 씨만 독상으로 받는다.

"겸상 문화가 아니라 외상 문화여서 양반들은 전부 이렇게 독상을 받습니다. 손님들이 와도 마찬가지죠. 세월이 변해도 우리가 지켜야 하는 것들이 있습니다."

팔천석꾼의 넉넉한 살림에 어울리는 귀한 음식이면서, 소반을 100개씩 마련해 많은 손님을 접대하던 권진사댁의 인심까지 아우르는 국화채와 육말이다.

❖ 안동 권씨 충정종가 (숙박 가능)

경북 봉화군 춘양면 낙천당길 43-6 | 054-672-6118

15대 종부 맹보영 010-2269-0098

문화 류씨
북산종가

:: 가마솥된장수육과 청국장꽈리고추찜

시어머니표 종가 장으로 승부수를 던지다

충북 청원군 내수읍은 문화 류씨와 인연이 깊은 고장이다. 고려 말의 영동정 류총柳寵은 공민왕이 죽자 문과에 급제하고도 낙향을 감행했고, 태조이성계의 회유에도 불구하고 관직을 거부한 채 평생 시와 학문에 몰두했다. 600년 전, 문화 류씨 시랑공파가 청원에 자리 잡게 된 연유다.

문화 류씨 시랑공파 종택에서 1km도 채 떨어지지 않은 곳에 사람들이 많이 찾는 작은 종가가 한 곳 더 있다. 류총의 뒤를 이어 고향에서 학업과 후학 양성에 힘을 쏟은 북산공을 파시조로 모시는 시랑공파의 사파종가인 북산종가이다. 전국 각지에서 사람들이 이 댁을 찾아오는 이유는 다름 아닌 '장맛' 때문이다. 된장, 간장부터 청국장까지 그 맛이 좋기로 정평이 났다. 마당 한편을 차지하고 있는 절구통의 역사만 해도 100년이 넘으니 장맛은 짐작되고도 남는다.

문화 류씨 북산공 8대 종부 김종희 씨는 시집온 지 30년이 다 되어가지만 아직 씨간장 항아리를 마음대로 열지 못한다. 늘 시어머니께서 뚜껑을 열었고, 시어머니가 계시지 않을 때는 전화로라도 허락을 받고나서야 뚜껑을 열 수 있었던 것이다. 그만큼 이 댁의 장 관리는 유별나다 할 만큼 엄격하다. 이처럼 애지중지 장을 보살펴온 덕에 변함없는 장맛을 유지할 수 있는 것이다.

뚜껑을 열자 귀한 씨간장이 고운 자태를 드러낸다. 켜켜이 쌓인 소금기 아래 검고 투명한 빛깔을 간직한 간장이 고요하다. 대를 이은 아녀자들의

문화 류씨 북산종가 종택

장독마다 날짜와 이름표를 붙여 놓았다.　　　　북산종가의 씨간장

공과 정성을 업은 채 100년이 훌쩍 넘는 시간이 장 안에 눌러 앉았다.

"보석처럼 반짝이는 소금 결정체가 정말 아름답지요? 제겐 다이아몬드처럼 보입니다. 이렇게 오래된 간장일수록 조청처럼 끈끈해지지요."

북산종가의 씨간장은 장을 담그는 종부조차도 함부로 열 수 없는 종가의 가장 큰 보물이다.

방송국 아나운서, 종가의 장 담그는 며느리가 되다

뚜렷한 이목구비와 조근조근한 말투의 종부는 방송국 아나운서 출신이다. 종부와 종가의 인연은 입사 동기였던 남편과 부부가 되면서부터 시작되었는데 남편은 프로듀서, 아내는 아나운서라는 번듯한 직업 대신 두 사람은 시골로 내려와 장을 담그며 살아가는 삶을 선택했다.

"지금에야 귀농이 하나의 트렌드가 됐지만 그때만 하더라도 아니었어요. 그런데 결혼 초부터 남편은 고향으로 돌아오고 싶어 했답니다. 종손이라는 책임감도 있었고, 나고 자란 집에 대한 향수가 강한 편이었지요. 게다가 프로듀서라는 직업상 자연과 관련된 프로그램을 기획 제작하면서 그 마음이 점점 자랐나 봐요."

문화 류씨 34대손이자 북산종가의 종손이었던 남편이 고향으로 돌아온 것은 어쩌면 당연한 일인지도 모른다. 아나운서까지 된 종부의 마음은 다를 법도 한데 그 역시 종손의 생각에 이견이 없었다 하니 천생연분이 따로 없다.

"남편이 자연에 관심이 많았다면 저는 세 아이를 키우면서 음식에 관심이 많았습니다. 그렇다고 채식주의를 고집하거나 요란하게 건강을 챙긴 것은 아니지만 항생제에 노출된 육류만큼은 좀 줄이자 싶었지요. 어릴 적에 식습관을 잘 들이면 평생 건강할 수 있으니까요. 우리 애들도 처음에는 인스턴트 음식들을 먹고 싶어 해서 제게 불만이 많았지만 지금은 다들 만족합니다. 잔병치레도 거의 하지 않고 기초 체력도 아주 좋은 편이에요."

유기농 식재료에 관심이 많았던 종부는 시어머니로부터 장 담그는 법을 제대로 배웠다. 제법 그 맛을 흉내 낼 정도가 되니 시숙께서 장으로 사업을 해보면 어떻겠냐고 제안했다. 주변 사람들이 상품으로서의 장은 좀 달라야 하지 않겠냐고 해서 여러 방식으로 변형해보기도 했지만 결국 종부가 선택한 것은 시어머니께서 전수해주신 집안 대대로 내려오는 제조방법이었다.

순 우리 콩을 사용하는 것은 기본, 참나무 장작으로 가마솥에만 콩을 삶는다는 원칙을 고수했다. 메주를 엮을 때도 유기농 벼를 쓰는 등 세심함을 잃지 않았으나 소량으로 가족들이 먹을 만큼 담그는 것과 사업은 엄연히

달랐다. 콩을 쑤고 황토방에서 메주를 띄울 때는 며칠씩 집을 비우지도 못
했고, 밖에 나가 있어도 메주 걱정으로 수시로 집을 들락거리기 일쑤였다.

"부족하거나 뭔가가 고민일 때마다 어머니께서는 무조건 잘한다, 잘한
다, 칭찬하셨습니다. 아무것도 모르는 막내딸로 커서 종가에 시집왔지만
혼내는 법 없이 하나하나 가르쳐 주셨답니다. 이렇게 시어머니께 음식을
배우고 예전과는 확연히 다른 삶을 살고 있는 것이 전혀 어색하지 않아요.
저한테는 시어머니가 아니라 그냥 어머니예요. 잘하는 것도 없는데 늘 칭
찬받는 며느리이다 보니 잘해내고 싶었습니다."

장맛을 보존하는 종부의 임무에 사업가로서의 책임이 더해졌으니 공
부를 게을리 할 수 없었다. 2007년에는 청원벤처대학에 입학해 농업전문
CEO로서 역량을 키웠고, 같은 해 한국벤처농업대학을 우수한 실력으로
졸업해 농촌진흥청장상을 수상하기도 했다. 그리하여 오랜 세월을 이어 온
한결같은 장맛은 단순한 종가 음식을 넘어 '자연주의 된장예술'이라는 브
랜드로 거듭나게 되었다.

모든 요리는 장으로 통한다

매년 가을, 해콩으로 장을 담그는 날이면 시어머니의 총감독 하에 종부
의 손길이 분주해진다. 해콩과 곁가지를 가져다주시는 동네 어르신들께 감
사의 마음도 전할 겸 장 담그는 일이 끝나면 소박한 마을잔치를 벌이는데,
이때 종부는 잔치에 잘 어울리는 '가마솥된장수육'을 준비한다. 가마솥으

북산종가를 대표하는 장맛, 청국장

로 조리할 경우 일반 찜기에 비해 손이 많이 가지만 오래된 가마솥과 된장 수육이 절묘하게 어우러져 풍미가 다채로워진다. 수육을 삶는 동안 종부는 텃밭에서 갖은 채소를 따 와 밑반찬을 만든다. 종부의 두 번째 손맛은 개운하고 칼칼한 맛이 일품인 '청국장꽈리고추찜'이다. 꽈리고추찜을 할 때 보통 밀가루를 묻혀 쪄내는데, 장맛 좋은 북산종가에서는 청국장 분말을 묻혀 독특한 맛을 낸다. 세 번째 음식은 '청국장채소샐러드'이다. 이 댁에서는 된장, 간장 못지않게 청국장을 요리에 많이 사용하는데, 새콤하면서도 구수한 청국장 소스가 입맛을 돋우는 청국장채소샐러드는 서울 코엑스에서 열린 푸드 비엔날레에서 호평을 받기도 했다.

청국장 하루 한 숟가락이 보약보다 낫다는 말이 있다. 청국장은 우리 민족만의 독특한 발효기술이면서 자연이 주는 치유식품이다. 다양한 요리에 청국장을 활용하여 맛도 살리고 건강도 지키는 것, 요리 하나하나에 북산종가의 지혜가 묻어난다.

가마솥된장수육

1 돼지고기는 수육용으로 앞다리살이나 목살 또는 삼겹살을 준비한다.

2 가마솥에 물을 넉넉히 부어 돼지고기를 넣고 3년 숙성된장, 매실진액, 청주를 푼다.

> **종부의 요리 TIP**
>
> "돼지고기 삶을 때 보통 청주나 소주만 약간 넣는데 된장과 매실진액을 같이 풀어주면 잡냄새도 제거되고 고기가 훨씬 부드러워져요. 매실진액은 맛을 돋우는 역할도 하지요."

3 대파, 월계수잎 등을 같이 넣어 약 40분간 푹 삶은 뒤, 먹기 좋은 두께로 썰어낸다.

청국장 꽈리고추찜

1 꼭지를 딴 꽈리고추는 깨끗이 씻은 뒤 간이 잘 배이게 포크나 이쑤시개로 중간중간 구멍을 낸다.

2 꽈리고추에 물기가 약간 남아 있을 때 청국장 가루를 묻히는데, 비닐봉지에 꽈리고추와 청국장 가루를 함께 넣어 흔들어주면 골고루 잘 묻는다.

3 찜기에 5분간 찐 뒤 한 김 식힌다.

4 간장, 다진 마늘, 다진 파, 고춧가루를 섞은 양념장을 만들어 꽈리고추찜 위에 뿌리고, 청국장 가루를 살짝 뿌려 마무리한다.

●청국장의 영양학

청국장에는 '제니스테인'이라는 항암 물질이 풍부해 위암, 유방암 같은 각종 암을 예방하는데 탁월한 효능이 있다. 또한 청국장 100g을 기준으로 약 3.3mg의 철분이 함유돼 빈혈 치료에도 효과적이며, 발효균이 많은데다 섬유질 함량 역시 높아 변비 치료제로도 많이 쓰인다. 그리고 청국장에 들어 있는 레시틴과 단백질 분해효소는 혈관을 막고 있는 혈전을 녹이는 효과가 있어 뇌졸중 예방에도 좋으며 특히 치매 환자에게 부족한 신경전달물질의 양을 늘려준다고 알려져 있다.

청국장채소
샐러드

1 양상추, 치커리, 파프리카 등 다양한 채소들을 깨끗이 씻어 적당한 크기로 썬다.

2 사과식초, 올리브유, 소금, 꿀 또는 매실진액, 그리고 생청국장을 섞어 청국장 소스를 만든다.

3 청국장 소스를 채소에 적당량 끼얹는다.

　‘웰빙’이 화두인 요즘 건강한 먹거리를 선호하는 이들에게 이미 입소문이 났다는 청국장채소샐러드와 뜨거운 김을 내뿜는 가마솥된장수육, 깔끔한 맛의 청국장꽈리고추찜으로 잔칫상이 차려졌다. 반지르르 윤기가 흐르는 수육 한 점에 장 담그느라 고되었던 몸의 피로가 씻은 듯 사라진다.

　장독대를 닦을 때 가장 행복하다고 말하는 종부, 그가 있어 오늘도 문화 류씨 북산종가의 장은 맛있게 익어간다.

❖ 문화 류씨 북산종가
충북 청원군 내수읍 마산1길 43-13 | 043-214-0173
8대 종부 김종희 010-7305-9578
〈자연주의 된장예술〉 홈페이지 http://jang.purushop.com

반남 박씨
서계종가

:: 쇠고기애호박찜

수락산을 병풍 삼고 도봉산을 앞마당 삼다

지하철 7호선의 북쪽 종점 장암역에서 수락산 방향으로 10분 정도 걸으면 그림 같은 집 한 채가 보인다. 탁 트인 마당 저 너머로는 도봉산이 우뚝 솟아 있고 집 뒤로는 수락산을 병풍 삼은 집, 서울 근교에서 보기 드물게 옛 모습을 간직하고 있는 조선시대 실학자 서계 박세당西溪 朴世堂, 1629~1703 종택이다.

"서계 할아버지께서 여기에 집을 지을 때 도봉산까지 앞마당에 넣었다고 합니다. 여름에는 사랑채에 딸린 누마루 창 너머로 도봉산을 즐기고 겨울에는 사랑방 온돌 위에서 도봉산을 즐기셨다는데 지금 봐도 절경이지요."

안살림을 책임지는 반남 박씨 서계종가 12대 종부 김인순 씨는 그 후덕한 인상이 도봉산과 수락산을 넉넉히 껴안은 종택과 꼭 닮았다.

반남 박씨 서계종가 종택

"종부는 집에 사람 오는 것을 싫어하면 안 됩니다. 사람을 가리지 않고 대하는 게 종손과 종부의 기본 덕목이지요. 지금도 우리 집에 누가 오면 반찬은 없어도 밥은 꼭 드시고 가라 합니다. 예전처럼 밥 굶는 사람이 많은 것은 아니지만 있는 반찬에 수저 하나만 더 놓으면 같이 먹을 수 있으니까요."

사람을 가리지 않는 종부 특유의 편안한 웃음과 여유 덕분인지, 언론사 취재는 물론 서계를 연구하는 학자, 관광객들까지 해마다 수백 명이 이 집을 드나들고 있다.

실학의 선구자, 밭을 일구고 땔감을 팔다

실학의 선구자로 꼽히는 박세당의 집안은 서인에서 소론으로 이어지는 핵심 가문이었다. 박세당은 의령 남씨와 혼인한 뒤 시조「동창이 밝았느냐 노고지리 우지진다」를 지은 남구만을 처남으로 두고, 처숙부 남이성과도 깊이 교우했다. 또 박세당의 셋째형 박세후는 소론의 우두머리인 명재 윤증의 아버지 윤선거의 사위가 되었고, 박세당의 아들 박태보는 윤증의 대표적인 제자가 되었다. 이로써 조선 후기 소론의 핵심이라 할 수 있는 박세당과 윤증은 혈연관계와 사제관계를 유기적으로 엮은 가문의 대표적 사례라 할 수 있다.

박세당 역시 31세에 장원급제해 성균관, 홍문관 등을 거쳐 관직을 이어나갔지만, 당쟁에 염증을 느껴 39세 때 수락산 남쪽 골짜기 석천동으로 내려왔다. 17세기 후반은 서인에서 분열된 노론과 소론의 정치적 대립이 치열한 시기였고, 당쟁의 칼날이 서로를 겨누고 있었기 때문이다.

수락산 석천동 일대에는 부친 박정이 인조반정의 공으로 정사공신이 되면서 받은 사패지가 있었고, 박세당은 이곳에서 몸소 농사를 지으면서 학문 연구와 저술에 힘을 다했다. 여러 차례에 걸친 출사 권유에도 불구하고 그는 농사짓는 선비이길 자처했다. 백성의 생활 안정을 위해서라면 당파의 명분론보다는 의식주와 직결되는 실질적인 학문이 필요하다고 판단했던 것이다. 이렇게 직접 농사를 지은 경험으로 1676년(숙종 2년)에 농서인《색경穡經》을 펴냈고, 주자의 해석을 벗어난 독자적인 해석으로《사변록思辨錄》을 저술했다. 이《사변록》때문에 송시열과 서인 세력에게 사문난적斯文亂賊으로 비판받았지만, 학문을 정치적 도구가 아닌 생활 도구로 쓰고자 했던 마음만큼은 칭송받을 만하다.

박세당이 아들에게 남긴 유언 중 하나는 장례를 지낸 뒤 아침저녁으로 올리는 상식上食을 하지 말라는 것이었다. 상식은 상가喪家에서 아침저녁으로 궤연几筵 앞에 음식을 차리는 것이다. 국을 왼쪽에 놓고 밥을 오른쪽에 놓으며, 생시와 같이 찬품饌品을 차려 놓은 뒤에 분향과 곡을 한다. 상식은 망자를 생전과 똑같이 섬기는 것으로, 이를 금하는 것은 조선 성리학자들의 예론의 근간을 흔드는 일이었기 때문에 당시 세도가와 학자들 사이에서 파문이 일었다. 박세당은 주자설의 절대적인 권위를 좇으며 관념적인 학문에 빠지기를 경계한 것이다.

이렇듯 일평생 사치와 낭비를 금했던 학자의 묘표墓表*에는 그의 말년의 삶이 새겨져 있다.

> 물가에 집을 지을 때 울타리를 치지 않고 복숭아나무, 살구나무, 배나무, 밤나무를 집 주위에 둘러 심고, 오이를 심고 밭을 개간하고 땔감을 팔아 생활하였다. 농사철에는 늘 밭에서 지냈으며, 가래를 메고 쟁기를 진 자들과 어울려 다녔다. 처음에는 간간이 조정의 명에 나아가기도 했지만 뒤에는 누차 불러도 가지 않고, 30여 년을 살다가 생을 마치니 나이 70이 넘었다. 머물던 집 뒤쪽으로 백 수십 보 되는 곳에 안장하였다.

여름, 애호박을 낳다

소박한 자연에의 삶을 추구했던 서계 박세당을 300년이 지난 지금 수락산 아래에서 만난다. 박세당과 같이 검소한 성품으로 30년 넘게 서계 종택

● 무덤 앞에 세우는 푯돌

을 지키고 있는 반남 박씨 서계 문중의 12대 종손 박용우 씨와 종부 김인순 씨의 손맛을 통해서다. 지난 1980년에 결혼한 종부는 처음 시집왔을 때 기제사와 설 차례, 추석 차례, 시제사, 사당제사 등 해마다 열두 차례 이상 제사를 치르느라 10년 동안 친정집 한 번 가보지 못했다. 이는 종부의 당연한 삶이라고 생각했다. 게다가 생전의 시어머니가 고생하는 며느리를 위해 결혼기념일도 챙겨주시던 살가운 분이었기에 고생인 줄 몰랐다.

"어머님이 30년 넘게 간경화를 앓다가 돌아가셨어요. 시어머니께서 돌아가시고 어린 나이에 살림을 혼자 맡다보니 일도 서툴고 실수도 많아 어머니 생각이 많이 났지요."

시어머니 생각이 간절할 때면 집 뒤쪽에 있는 텃밭으로 향한다. 함께 가꿀 때는 텃밭이 얼마나 컸는지 오곡을 다 심고 참깨며 들깨, 마늘과 양파 등 심을 수 있는 것은 거의 다 심었다. 따로 장을 보러 나갈 일이 없었다니 그야말로 집 안에서 자급자족을 한 셈이다. 그런데 지금은 식구도 줄고 종택이 하나의 문화관광지가 되다 보니 밭 한쪽에 나무와 꽃을 심어 작은 정원으로 꾸몄다. 덕분에 오시는 손님들마다 집이 참 예쁘다며 칭찬이 자자하다.

애호박이 주렁주렁 열리는 여름, 덜 자란 어린 호박은 보통 개화한 지 7~10일이면 수확이 가능하다. 여름 애호박은 단물이 배어나올 정도로 맛도 좋고 영양가도 높아 우리 식단에 친숙한 채소인데, 종부가 애호박을 유달리 좋아하는 것도 시어머니에 대한 추억 때문이다. 특히 애호박을 좋아하셨다는 시어머니께 종부가 전수받은 요리는 서계종가의 여름철 대표 반찬이자 손님들께 대접하기에도 좋은 '쇠고기애호박찜'이다. 오랜 병에 이

가 성치 않았던 시어머니는 오물오물 대충 씹어 먹어도 소화가 잘되는 쇠
고기애호박찜을 즐겨 드셨다고 한다.

쇠고기애호박찜

1 먼저 애호박에 들어갈 소를 만든다. 쇠고기와 마늘, 양
파, 버섯, 두부 등을 같이 곱게 간다.

2 만든 소의 분량에 따라 달걀 1~2개를 깨뜨려 넣고, 간장
으로 가볍게 간을 해 잘 버무린 뒤 통깨를 갈아 넣는다.

종부의 요리 TIP

"저는 요리할 때마다 통깨를 손끝으로 갈아서 넣어요. 통깨를
미리 갈아두었다가 사용하는 집이 많은데 그러면 고소한 향이
날아가 버려서 맛이 덜해요."

3 애호박은 반으로 자른 뒤 비스듬히 칼집을 내 뚜껑과 몸
통으로 분리하고 숟가락으로 속을 파낸다.

4 먼저 만들어둔 소를 애호박 속에 채워 넣고 애호박 뚜껑
을 덮은 뒤 이쑤시개로 고정시킨다.

5 찜통에 물을 자박하게 부어 약 20분간 푹 찐다.

6 찜이 익을 동안 초간장을 만든다. 되내기장(씨간장)에
매실진액과 다진 마늘, 파, 깨를 넣어 양념장을 만든다.

● 애호박 고르는 법

연두색이면서 너무 크지 않은 것을 고른다. 무거운 것일수록 맛이 좋다.
꼭지가 마르지 않고 주변이 움푹 들어간 것이 싱싱하다.

● 애호박의 영양학

《본초강목》에는 애호박의 효능에 대하여 '보중익기補中益氣'라고 하였는데,
소화기 계통을 보호하고 기운을 더해준다는 말이다. 애호박은 당질과 비
타민A·C가 풍부하여 소화흡수가 잘 되기 때문에 위궤양 환자도 쉽게 먹
을 수 있고, 아이들 영양식이나 이유식으로도 좋다. 또 애호박 씨에 들어
있는 레시틴 성분은 치매 예방과 두뇌 개발에 효과가 있는 것으로 알려져
있다.

이쑤시개를 빼고 애호박의 뚜껑을 열면 기름기가 쏙 빠진 쇠고기가 갖은 채소와 다소곳이 들어앉아 있다. 물러진 애호박과 소는 씹는 데 무리가 없어 노인이나 어린아이도 편하게 먹을 수 있다. 쇠고기애호박찜을 숟가락으로 먹기 좋게 잘라 초간장에 찍어 먹으면 새콤하면서도 담백한 맛을 즐길 수 있다. 지방과 단백질, 비타민이 풍부해 한 끼 식사로 충분하고, 단품 요리로도 손색이 없어 손님 접대에도 그만이다.

서계종가에서는 쇠고기애호박찜을 먹어야 진짜 여름을 난다고 할 수 있다. 무더위를 이기는 서계종가의 힘, 바로 시어머니를 향한 종부의 그리움으로 차려진 밥상이다.

❖ 반남 박씨 서계종가 〈서계문화재단〉
경기도 의정부시 동일로 128번길 36 | 031-836-8600
〈서계문화재단〉 홈페이지 http://www.seogye.com

대구 서씨
약봉종가

:: 탕국밥

3대 대제학과 3대 정승을 배출한 '서지약봉'

문과 합격자 105명, 삼정승* 9명, 대제학 6명, 당상관 28명, 정2품 이상 관리 34명, 종2품 15명…… 삼정승에 이어 3대 대제학을 내리 배출한 약봉종가의 화려한 이력이다. 세간에서는 '서지약봉徐之藥峯이요 홍지모당洪之慕堂이다'라고 하여 서씨는 약봉 서성, 홍씨는 모당 홍이상이 제일이라고 했다.

한양 사대문 가까이 불천위 사당까지 갖추고 봉제사 접빈객을 실천하고 있는 약봉종가는 종택의 모습이 옛것과 사뭇 다르다. 여기에는 그만한 사연이 있다. 한양을 기준으로 제법 북쪽에 자리 잡은 종택은 그 규모와 위상 때문에 인민군의 사령부로 사용되었다. 종택의 지붕에는 인공기가 펄럭거

* 영의정·좌의정·우의정을 말한다.

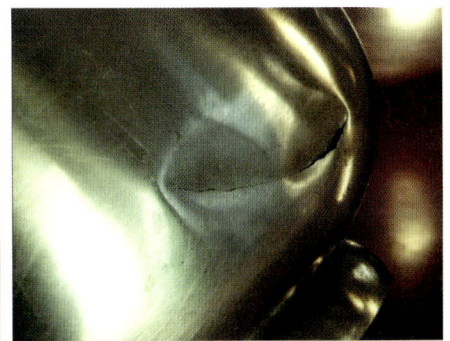

대구 서씨 약봉종가 종택

수백 년 동안 대를 이어 오며 구멍 나고 형태가 변형된 유기

렸고 미군기의 집중 포격을 받아 전소될 수밖에 없었다. 약봉의 묘소 아래 재실을 보수한 것이 지금의 종택이 되었다고 한다. 그래도 묘소와 재실이 해를 덜 입어 다행이라는 약봉종가에서 한국전쟁의 환난을 피한 것이 한 가지 더 있다. 제기로 쓰는 놋그릇이다. 유기鍮器는 물기가 있으면 얼룩이 지기 때문에 마른 천으로 꼼꼼하게 닦아주어야 한다. 얼마나 정성들여 닦고 관리했는지 이 댁의 유기는 반짝거리며 윤이 난다. 몇몇 유기는 닳아서 구멍이 나기도 했다.

"이 놋그릇은 수백 년을 이어 여태 전해지는 겁니다. 하도 많이 써서 그릇에 구멍도 나고 성치 않지요. 하지만 대를 이어 쓰고 있는 그릇을 어찌 버리겠습니까? 6·25때는 북한군들이 이 그릇을 찾느라 집 안 곳곳을 다 뒤졌어요. 다행히 우물 깊숙이 숨긴 덕분에 겨우 지켜낼 수 있었습니다."

이렇게 지켜낸 유기는 약봉종가의 보물이나 다름없다. 대를 이어온 유기와 함께 종부의 손맛 또한 대를 이어 내려오고 있다.

약현藥峴이 낳은 인물, 약봉

약봉 서성藥峯 徐渻, 1558~1631은 대제학 서거정의 5대손으로 이른바 조선시대 '행정의 달인'으로 꼽힌다. 삼남三南지역*에 암행어사로 파견되어 민정을 살피며 6도 관찰사를 두루 지냈고, 이조판서를 제외한 모든 판서직을 거쳐 판중추부사에 이르렀다. 죽어서는 영의정으로 벼슬이 높아졌다. 그는 임진왜란이 일어나자 왕을 의주까지 모셨고, 광해군 때는 계축옥사癸丑獄事에 연루되어 11년간 귀양살이를 했다. 인조반정 후 복직되었으며 이괄의 난과 정묘호란 때는 왕을 강화도까지 모셨다. 한 가문에서 정승 한 명이 나기도 어려운데 약봉 이후 삼정승을 무려 9명이나 배출하면서 그의 이름은 더욱 명성을 얻게 되었다. 여기에는 약봉 서성의 어머니, 고성 이씨 부인의 리더십이 빛을 발했다.

서성의 어머니이자 안동 '소호헌蘇湖軒'의 안주인인 고성 이씨 부인은 앞을 보지 못했다. 15세 때 앓기 시작한 눈병 때문에 시력을 완전히 잃었지만 퇴계의 문하생이자 약봉의 부친인 서해는 개의치 않았다. 혼인 5년 만에 남편 서해가 요절하여 21세에 혼자가 된 이씨 부인은 일생을 뒤흔드는 결단을 내렸다. 고향 안동에는 시댁도 친정도 어른이 없었기 때문에 약봉의 작은아버지가 있는 한양으로 이사를 한 것이다. 지금으로부터 약 450년 전, 약봉이 3세 때의 일이다.

* 충청도·전라도·경상도를 말한다.

눈이 먼 이씨 부인은 제일 먼저 약현(현 서울 중림동)에 터를 잡고 집을 지었는데, 집의 규모가 무려 일흔 칸에 이르렀다. 자신과 어린 아들 둘이 살기에는 터무니없이 큰 집이었다. 친지는 물론 이웃들이 쑥덕대는 것을 이씨 부인이 모를 리 없었지만 부인의 고집과 결단은 단호했다.

"지금은 이 집이 너무 크다고 하시겠으나 이 미망인이 죽은 뒤 삼년상에는 여기 대청이 좁을 것이며, 손자 대에 내려가 이 몸의 제삿날에는 오히려 대청이 부족하여 다시 마루 앞으로 딴 마루를 늘려야 할 것입니다."

이씨 부인은 약식과 약과, 약주를 만들어 팔아 생계를 유지하는 한편 집으로 많은 인사들을 초대해 자연스럽게 약봉이 선비 문화를 익히도록 했다. 안동에서 혈혈단신 올라왔지만 아들이 인맥을 쌓을 수 있도록 줄을 만들어 준 것이다. 이를 바탕으로 약봉은 대학자 율곡 이이의 문하생으로 들어가는 정치적 기반을 마련할 수 있었다. 눈 먼 어머니의 지극한 바람 덕분이었는지 약봉은 29세에 문과에 급제해 이름을 날렸고 약봉의 아들 4형제는 모두 일가를 이뤄 삼정승과 3대 대제학에 올랐다. 보이지 않는 눈으로 누구보다 정확하게 앞을 내다본 통 큰 이씨 부인의 결단이 참으로 대단하다 하겠다.

지금 우리가 쓰는 약주藥酒, 약과藥果, 약식藥食이라는 명칭은 전부 이씨 부인이 약현藥峴에서 만든 음식에서 비롯된 것이다.

"《임원십육지林園十六志》에 이르기를 '인조 때의 정치가 서성의 호가 약봉인데, 그 어머니가 약주를 잘 빚어 왕가에도 진상했다. 그 집이 약현에 있으므로 그 집 술을 약산춘藥山春이라 한다'는 기록이 있습니다. 우리 집안에서

빚은 '약봉 약산춘'은 다른 사람들이 도용하지 못하게 상표등록까지 마쳤습니다."

뛰어난 손맛을 간직한 집안답게 며느리들의 음식 솜씨 또한 빼어나다. 이 댁이 종가인지도 모르고 시집을 왔다는 15대 종부 김금향 씨는 제사 때 냄비가 아닌 식당에서 쓰는 대형 들통에 국을 끓이는 것을 보고 종갓집 며느리가 되었음을 실감했다고 한다. 젊은 종부가 음식을 할 때마다 옆에서 간도 봐주고 조언도 아끼지 않는 시어머니 이전규 씨는 엄밀히 말하자면 종부는 아니다. 14대 종손 내외가 딸 하나만 둔 채 일찍 돌아가시는 바람에 맏이 서동성 씨를 종손으로 입적시키고, 실질적인 집안 어른이자 종부 아닌 종부로 살아온 것이다. 노종부는 많은 종가 일을 잘 건사하는 맏며느리가 그저 장하기만 하다.

약봉종가의 종부가 보여줄 손맛은 '탕국밥'이다. 제사 때 100명이 넘는 손님들이 방문하는 이 댁에서 탕국밥은 식지 않게 빨리, 그리고 모든 찬을 맛볼 수 있도록 한꺼번에 담아내는 음식이다.

탕국밥

1 먼저 탕국을 만들기 위해 쇠고기를 넣고 푹 우린다.

2 무를 보통 깍둑썰기보다 3배 정도 크게 썰어 준비한다.

3 우린 쇠고기 육수에 간장으로 살짝 간을 하고 무를 넣는다. 다시마와 북어도 통째 넣어서 한참 끓인다.

4 탕국에 넣었던 쇠고기, 북어, 다시마를 건져낸다. 다시마는 채 썰고, 쇠고기와 북어는 손으로 찢어둔다.

5 제사 때 쓴 각종 나물과 전, 누름적 등을 마름모꼴로 썰어 준비한다.

6 제사상에 올릴 국이 아니기 때문에 어슷썰기 한 파를 탕
국에 곁들여 시원한 맛을 더한다.

7 유기 또는 큰 사발에 밥을 넉넉히 퍼서 담고, 각종 나물
과 누름적, 4의 고명을 올리고 탕국을 넉넉히 담는다.

자손이 번창하라는 의미로 무를 크게 썰어 넣는다는 이 댁의 탕국밥
은 실리와 음복 두 가지 의미를 다 챙기는 음식이다. 탕국밥이 아니었다면
100명이 넘는 손님들을 한꺼번에 건사할 수도 없고, 남은 제사 음식을 처
리하기도 곤란했을 것이다.

약봉가의 가훈은 '착한 일을 행하는 데 게으르지 말라'는 뜻의 '물태위선
勿怠爲善'이다. 3대 대제학과 삼정승을 배출해 이름을 떨친 '서지약봉' 댁에서
즐기는 든든한 탕국밥이야말로 가훈과 어울리는 착한 음식이라 할 수 있
겠다.

❖ 대구 서씨 약봉종가
경기도 포천시 호국로 883번길 90-12 | 031-543-5800

속초

포천
파주
의정부   강원도
              홍천
인천광역시   서울특별시   삼척
            광명 성남 광주   평창
              수원 용인   영월
전주 이씨 오리종가 ---   전주 하씨 단계종가
                  경기도   제천
                            충청북도   봉화
                                              영양
            서산   아산 천안 진천 괴산
                                    문경
            충청남도   청주   안동
                                  경상북도   의성 김씨 지촌종가
                청양   대전광역시   청송
파평 윤씨 명재종가 ---
                  논산
            서천   김천 구미   포항
                        성주   영천
                전주   거창   대구광역시
            전라북도   함양 합천 창녕 경주
            고창   울산광역시
            영광 장성 담양 남원   경상남도   밀양   경주 손씨 대종가
                      구례   마산   부산광역시   이천 서씨 양경종가
              광주광역시   진주
              나주 화순 순천   탐진 안씨 백산종가
              전라남도   파평 윤씨 대언종가
울산 김씨 하서 대종가   여수
                    해남
행주 기씨 노사종가

가을

행주 기씨
노사종가

:: 시래기붕어찜

뛰어난 문장가

'문불여장성文不如長城'은 '학문에 있어서는 장성만한 곳이 없다'는 뜻이다. 이는 흥선대원군이 장성에서 학문을 갈고닦은 기정진을 두고 한 말이다. 노사 기정진蘆沙 奇正鎭, 1798~1879은 화담 서경덕, 퇴계 이황, 율곡 이이, 녹문 임성주, 한주 이진상과 함께 '조선 성리학의 6대가'이다. 특이하게 기정진은 어떤 스승으로부터 전수받거나 학파에 연원을 둔 것이 아니라 중국 송대의 학자 주돈이와 정재, 정호 그리고 주희에 이르는 성리학을 파고들어 이황과 이이 이후 300년을 끌어온 주리主理·주기主氣 논쟁을 극복하고 자신만의 견고한 유리론唯理論을 세웠다. 즉 행위와 실천이 없는 관념적인 이론은 진리일 수 없다는 확고한 신념을 가지고 82년 동안 올곧은 유학자로서의 자세를 잃지 않았던 것이다. 특히 이론과 관념에 치우친 공리공론의 성리학을, 위정척사운동과 의병운동으로 승화시키는 철학을 마련한 대학자라 할 수 있다.

기정진은 1866년 병인양요가 일어나자 서양세력의 침략을 염려해 병인소丙寅疏를 올렸다. 이는 민족 주체성의 확립을 주장하며 외침에 대한 여섯 가지 방비책을 제시한 것으로 당시 쇄국정책과 그 궤를 같이 했고 훗날 위정척사운동은 여기에 기초를 두게 된다. 우국지사 면암 최익현과 매천 황현이 흠모했던 기정진은 79세에 병자수호조약이 체결되자 강분을 못 이겨 병이 났을 정도였다. 최익현이 도끼를 들고 반대 상소를 올렸다고 하자 우리나라에 사람이 없다는 비웃음은 면했다며 자조 섞인 탄식을 했다고 전해진다.

하지만 무엇보다 '문불여장성'이라는 감탄사를 쏟아내게 만든 것은 인구에 회자되는 노사의 일화 때문이다. 조선 철종 때 청나라 사신이 우리의 학문을 얕보고 조선 조정에 시 한 편을 보냈다.

龍短虎長 伍更樓下夕陽紅

글자 그대로 풀이하자면 '용은 짧고 호랑이는 길다. 오경루 아래 석양은 붉네'인데, 내용을 전혀 짐작할 수 없는 난해한 글에 조선 조정은 쩔쩔매다가 결국 장성의 노사 기정진에게 도움을 청했다. 노사는 다음과 같이 화답했다.

東海有魚 無頭無尾無脊

畵圓書方 九月山中 春草綠

　두 시는 모두 해日를 주제로 쓴 것이다. 중국에서 보낸 시를 풀이하면, 겨울에는 용을 상징하는 진시(7시)에 해가 뜨니 길이가 짧고, 여름에는 호랑이를 상징하는 인시(5시)에 해가 뜨니 그 길이가 길다는 의미다. 오경루는 중국에 있는 누각으로 석양의 경치를 노래했다. 이에 노사는 '동해에 떠오르는 해는 고기와 같은데 머리도 없고 꼬리도 없고 등도 없다. 그림으로 그리자면 둥근데(○) 글씨로 쓰면 각이 졌다(日). 중국은 오경루에 지는 석양이지만 조선은 구월산에 새로 돋는 봄풀이다'라고 중국을 꼬집어 화답한 것이다. 청나라 사신이 감탄한 것은 물론 철종도 칭송을 아끼지 않았다고 한다. 이때 나온 말이 바로 '장안만목 불여장성일목長安萬目 不如長城一目'으로 '서울의 만 개의 눈이 장성의 눈 하나만도 못하다'는 명언이다. 한쪽 눈만으로 중국을 호령한 노사 기정진의 뛰어난 문장과 기개가 잘 드러나는 대목이다.

눈 먼 손자를 기다리다

　어려서 한쪽 눈을 잃은 노사 기정진은 조모의 묫자리가 '황앵탁목혈黃鶯啄木穴'이라 시력 하나를 잃을 수밖에 없는 팔자를 타고났다고 전해진다. 황앵탁목혈은 '노란 꾀꼬리가 나무를 쪼는 명당'을 뜻한다. 조모가 돌아가시자 노사의 할아버지가 직접 이 명당을 발견하고는 일찍 돌아가신 노사의 할머니를 이장하고 한쪽 눈이 없는 손자가 태어나기만 기다렸다고 한다. '목'이 숫자 3을 가리키는데, 꾀꼬리가 나무를 쪼면 구멍이 뚫리듯 한쪽 눈이 없는 3대의 손자가 태어나야 발복이 되는 거라 믿었기 때문이다. 그래서 며느리들이 출산을 하면 제일 먼저 양쪽 눈이 다 있는지 확인을 했는데 태어나는 손자마다 두 눈이 멀쩡했고 노사 역시도 마찬가지였다. 그러던 중 어린 노사가 동무들과 놀이를 하다 화살에 맞아 한쪽 눈을 실명하게 되었다. 이 소식을 들은 할아버지가 무릎을 치며 기뻐했고, 황앵탁목혈의 발복이 제대로 된 덕분인지 노사는 조선 성리학의 6대가로 이름을 떨치게 되었다.

황룡강의 맛

장성에서 나주, 광주까지 이으며 끝내 영산강에 이르는 황룡강黃龍江은 만 개의 눈이 당하지 못한 하나의 눈을 기억하고 있을까. 행주 기씨 노사종가 6대 종손 기호중 씨와 종부 박정자 씨는 광주에 거주하며 일주일에 두세 번 고산서원高山書院을 찾는다. 전남 기념물 제63로 지정된 고산서원은 그의 학문 활동을 기리기 위해 후손들이 세운 것으로 노사문집을 비롯한 많은 유물이 보존되어 있다.

21세에 중매로 노사 집안의 식구가 된 종부는 인자하면서도 후덕한 인상이 천생 큰살림을 이끌어갈 종부의 얼굴이다. 종가로 시집을 오자마자 종손이 입대를 했는데, 어르신들을 모시면서 종가 일을 차근차근 배울 수

행주 기씨 노사종가의 고산서원

있었던 게 어쩌면 다행이라고 말한다. 1년에 제사만 열세 번, 봄가을에 두 번씩 하는 서원제사에다 크고 작은 집안 행사를 치르느라 종부는 젊어서 여행은커녕, 바깥에서 잠 한 번 자본 적이 없었다. 그런데 20년 전 종손이 크게 아픈 일이 있었고 종부 역시 몇 년 전 큰 고비를 넘기고 나서는 늦게나마 둘을 위한 시간을 많이 가지려 애쓴다고 한다. 서예를 하는 종손을 따라나선 종부는 그림을 배우기 시작했는데, 사군자 치는 실력이 수준급이다. 부부는 취미 생활을 함께하면서 서로를 더 아끼고 잘 이해하게 되었다며 두 손을 꼭 잡는다.

종부가 소개할 이 댁의 내림음식은 '시래기붕어찜'이다. 평소 노사는 황룡강에서 잡아온 붕어와 마당 한쪽에서 말린 가죽나무잎, 무청 등을 넣고

푹 끓인 붕어찜을 즐겼다고 한다. 여기에 담백한 맛이 일품인 '실파무침'과
'죽순나물'을 곁들여 종부의 손맛을 뽐낸다.

시래기붕어찜

1 싱싱한 붕어의 비늘을 벗기고 지느러미를 자른다. 배를
갈라 내장도 손질한다.

2 넓은 냄비에 시래기와 나박하게 썬 무를 깔고 고춧가루를
뿌린다.

3 붕어찜 양념장을 만든다. 밴댕이를 우린 육수에 고추장,
고춧가루, 생강가루, 후추, 다진 마늘, 매실진액을 넣는다.

종부의 요리 TIP

"저희 집에서는 멸치보다는 '디포리'라고 부르는 말린 밴댕이
로 국물을 우립니다. 이걸로 육수를 내면 비리지 않고 깔끔한 맛
이 나요. 국물이 자작한 나물반찬을 할 때도 디포리 육수를 쓰면
맛이 더 좋습니다."

4 양파는 채 썰고 대파와 고추는 어슷하게 썰어 양념장에
넣고 골고루 섞는다.

5 양념장을 붕어에 바르고 속까지 양념장을 꽉꽉 채워 넣
는다. 겉에만 바르면 비린 맛이 날 수 있으니 속까지 양
념장을 채우는 것이 중요하다.

6 양념을 바른 붕어를 시래기와 무 위에 올려서 끓인다.

7 붕어가 익을 동안에 참기름장을 만든다. 디포리 육수에
참기름을 넣고 실고추, 깨소금 등 고명을 섞는다.

8 시래기붕어찜에 마지막으로 참기름을 빙 둘러 끼얹고
약한 불에서 조금 더 익힌다.

● 시래기와 붕어의 영양학

시래기에는 겨울철에 모자라기 쉬운 비타민과 미네랄, 식이섬유소가 골고루 들어 있어 붕어와 조화를 이룬다. 붕어는 산성식품이지만 칼슘과 철분, 단백질이 많아 발육기 어린이나 빈혈 있는 사람들에게 좋다.

종부의 요리 TIP

"제일 마지막에 참기름을 꼭 넣어야지 민물생선 특유의 비린내가 안 납니다. 우리 집 어르신들 드실 때는 간을 세게 안 하고 양념도 적게 하는데, 민물생선 요리를 많이 안 드셔본 분들에게 대접할 때는 간도 세게 하고 양념장도 많이 넣어요."

실파무침

1 손질한 실파를 너무 익히지 않고 살짝 데친다.

2 데친 실파에 조선간장과 참기름, 깨와 실고추를 넣고 버무린다.

3 파 끝을 파뿌리 쪽으로 돌돌 감아 한입 크기로 만든다.

종부의 요리 TIP

"같은 실파무침이라도 이렇게 모양을 내면 멋스럽고 더 먹음직스럽게 보입니다. 종갓집에서는 이런 식으로 솜씨를 자랑하곤 했지요. 다른 집에서는 고추장 양념을 많이 쓰는데 저희 집은 담백하게 만들어서 제사상에 올리기도 합니다."

4 접시에 빙그르르 돌려 담아낸다.

죽순나물

1 죽순을 소금물에 살짝 데친다.

2 데친 죽순에 디포리 육수를 조금 붓고 새우젓으로 간을 한다.

3 들기름을 두르고 들깨가루를 넣어 볶는다.

4 실고추와 깨를 뿌린다.

푸짐한 시래기붕어찜과 맛깔스러운 나물반찬이 차려진 상을 종손 앞에 내려놓는다. 부엌에서 일한 사람이 한 상에 앉아 같이 밥을 먹는 것은 예절에 어긋난다며 종부는 멀찌감치 떨어져 간은 맞는지, 모자란 건 없는지 챙겨 묻는다. 종손이 맛있게 식사하는 모습을 흐뭇하게 바라보는 종부의 얼굴에는 먹지 않아도 배부른 듯 행복한 미소가 떠오른다.

❖ 행주 기씨 노사종가

전남 장성군 진원면 고산로 68 | 062-673-0202

6대 종손 기호중 010-8414-4676

울산 김씨
하서 대종가

:: 들깨토란줄기탕

유학의 정수가 깃들다

문묘文廟는 공자를 위시한 유교의 명현 133인의 위패를 모시고 제사를 드리는 사당이다. 공자 외 안자, 증자, 자사, 맹자 등의 성인과 중국 송나라의 대표적인 성리학자, 우리나라의 명현 18인의 위패도 문묘에 속해 있다. '동방 18현'이라 불리는 우리나라의 유학자는 신라의 설총과 최치원, 고려의 안향과 정몽주, 조선의 김굉필, 정여창, 이언적, 조광조, 이황, 김인후, 성혼, 이이, 조헌, 송시열, 김장생, 김집, 박세채, 송준길이다. 도와 의가 아니면 가지 아니하고 옳지 않은 일에 대해서는 목숨을 아끼지 않으며 직언을 서슴지 않았던 이 18인의 인물들 중 호남이 배출한 유일한 동방 18현으로 하서 김인후河西 金麟厚, 1510~1560가 있다.

도학, 절의 그리고 문장을 모두 갖춘 이는 하서뿐이라

　　호남 성리학의 선구자 하서 김인후는 전남 장성군 황룡면 맥동리에서 태어났다. 그는 5세가 되던 해 정월 보름달 아래에서 한시를 읊어 세상을 놀라게 했다. 24세에 성균관에 입학한 그는 퇴계와 친분이 두터웠고 34세에는 기묘사화에 억울하게 죽은 충신들의 무죄를 주장하며 잘못된 역사를 바로잡아야 한다는 직언을 서슴지 않았다. 그는 훗날 인종이 될 세자를 가르쳤는데 이 스승과 제자는 서로를 극진히 존경했다. 궁에서의 삶이 편치 않았던 세자는 어지러운 심사를 묵죽도墨竹圖에 담아 스승 하서에게 전했고 하서는 묵죽도에 다음과 같은 시를 적었다.

　　根枝節葉盡精微　뿌리, 가지, 잎새, 마디 모두 지극히 정교하고
　　石友精神在範圍　굳은 돌 같은 우정이 그 안에 있네
　　視覺聖神俟造化　성스러운 우리 임금, 조화를 짝하시니
　　一團天地不能違　하늘과 땅이 하나 되어 거스름이 없어라

　　하지만 김인후가 그토록 연모한 조선 제12대 왕 인종은 안타깝게도 재위 8개월 만에 승하하고 만다. 생모 장경왕후를 일주일 만에 여읜 비운의 왕은 서른 나이에 요절하는데 야사에는 계모인 문정왕후가 준 떡을 먹고서 독살 당했다고 전한다. 인종 생전에 김인후는 문정왕후가 인종과 한 궁궐에 있는 것을 꺼려 처소를 옮기기를 수차례 권했고, 왕후가 임금의 약까지 처방하는 것을 불안해하며 의원 처방에 동참하겠다 했으나 소용이 없었다.

나중에 이 사실을 안 효종은 김인후를 가리켜 "역逆이지만 충忠이다" 했다. 계모인 문정왕후를 의심한 것은 잘못됐지만 왕의 안위를 걱정하는 마음만큼은 인정한 것이다.

인종이 승하하자 김인후는 36세의 나이로 모든 관직을 접고 장성으로 낙향했다. 명종이 여러 번 벼슬을 하사하였으나 끝내 사양하고 명종 때 이후의 관직은 기재조차 하지 말라는 유언을 남겼다. 그 후 50세의 나이로 세상을 떠날 때까지 일평생 술과 시로 위로 받으며 도학에 일생을 바쳤다. 매년 인종의 기일이 있는 7월이면 백화정百花亭 앞 난산에서 통곡했다는 하서 김인후의 눈물을 제자 정철鄭澈이 시로 읊었다.

東方無出處 獨有湛齋翁
동방에는 출처 잘한 이 없더니 홀로 담재* 옹만 그러하였네
年年七月日 痛哭萬山中
해마다 칠월이라 그날이 되면 통곡소리 온 산에 가득하였네

문묘에 배향된 하서에 대해 정조는 이렇게 말했다.
"도학과 절의, 그리고 문장까지 갖춘 이는 하서뿐이다."

---

* 하서의 또 다른 호

전란의 불길에서 건져낸 하서 신주

호남의 유림들이 김인후의 도학을 추모하기 위해 세운 사적 제242호 필
암서원筆巖書院은 대원군의 서원철폐령에도 훼철되지 않은 47개 서원 중 하
나다. 그 옆에는 하서 대종가大宗家*가 자리하고 있다. 대종택을 지키는 이는
울산 김씨 하서 대종가 16대 종부 황주남 씨와 17대 종부 박차임 씨다. 똑
같이 종손을 먼저 앞세운 종부들만 고택을 지키고 있는데, 놀랍게도 고부
의 얼굴이 굉장히 닮았다. 대개는 한 이불을 덮고 자는 부부가 닮는데 고부
가 꼭 닮았으니 두 분이 함께한 세월이 대번에 느껴진다.

"종택을 떠나서 아들네와 살고 싶은 마음이 왜 없겠습니까? 그래도 종
부라는 이 막중한 책임을 어쩌겠어요? 내가 가면 누가 이 집을 돌볼까 싶어
떠날 수가 없습니다."

이런 종부의 마음을 가장 잘 이해하는 사람은 이미 수십 년 종부의 삶을
지나온 시어머니다. 노종부는 며느리 칭찬에 입이 마를 틈이 없다.

"나는 우리 며느리 없으면 하루도 못 살아요. 이 넓은 살림을 혼자 다 하
니까 얼마나 미안하고 고마운지 몰라요."

종부에게 가장 중요한 일 중 하나는 보름에 한 번씩 하서의 신주가 모셔
진 사당을 청소하는 것이다. 6·25 때 집에 아주 큰 불이 났었는데 시할아버
지가 거센 불길을 뚫고 들어가 유일하게 챙겨 나온 것이 하서의 신주였다
고 한다. 신주를 건지기 위해 목숨을 걸었다는 걸 요즘 사람들은 이해하기

* 동성동본의 일가 가운데 시조의 제사를 받드는 가장 큰 종가

울산 김씨 하서 대종가

하서 김인후의 신주

힘들 거라고 말하는 종부의 목소리에 신주를 지켜낸 후손으로서의 자긍심
이 담겨 있다.

전라도의 생활음식

뜨거운 가을 햇볕은 토란줄기를 말리기에 제격이다. 토란은 글자 그대
로 '땅이 품은 알'이라는 뜻인데, 토란 자체가 영양덩어리라는 인식이 강해
현대에 와서는 버릴 것 없는 건강식품으로 각광받고 있다. 하서 대종가의
노종부가 제일 좋아하는 음식은 바로 들깨토란줄기탕으로 전라도 생활음
식에 가까워 가을 밥상에 빠지지 않는 반찬 중 하나다.

토란줄기탕에 들깨를 더한 것에는 조상들의 지혜가 엿보인다. 들깨는
성질이 따뜻하고 몸속의 독소를 제거해 혈액을 깨끗하게 하는 효능이 있어

서 평안북도 강계 지방에서는 시집가는 딸에게 신혼 내내 들깨죽을 끓여 먹게 했다고 전한다. 특히 병을 앓은 뒤 체력이 떨어졌거나 기력이 없는 노인에게 들깨와 찹쌀로 죽을 쒀 몸을 보호했다니 들깨와 토란줄기의 조합은 이르신들에게 매우 좋은 궁합이라 할 수 있다.

들깨토란줄기탕

1 뿌리와 이파리를 떼어 낸 토란줄기의 껍질을 벗긴다.
2 토란줄기를 햇볕에 한나절 말린다.

> **종부의 요리 TIP**
> "토란대를 말리지 않으면 나중에 삶고 나서도 독성이 좀 남아 있는지 가렵더라고요. 그래서 저희 집은 항상 토란줄기를 햇볕에 말렸다가 요리합니다. 가을볕에는 한나절이면 충분해요."

3 독소를 없애기 위해 말린 토란줄기를 굵은 소금으로 치댄 뒤 씻는다. 아린 맛을 없애기 위해 쌀뜨물에 소금을 넣고 데치거나 식초물에 담그기도 한다.

4 씻은 토란줄기를 끓는 물에 삶은 뒤 찬물에 헹구고, 12시간 정도 찬물에 담가둔다.

5 찬물에 불린 토란줄기를 꼭 짜고 다진 쇠고기와 다진 마늘, 간장과 참기름을 넣고 조물조물 버무린 뒤 볶는다.

6 껍질을 제거한 들깨를 물과 함께 체에 걸러 들깨물만 받는다.

> **종부의 요리 TIP**
> "들깨는 절구통에 넣어 돌로 갈아야 껍질만 제대로 벗겨져서 깔끔해요. 일반 가정에서는 이렇게 하기가 힘드니 들깨가루를 사용해도 괜찮습니다."

7 볶은 토란에 들깨물을 넣고 국물의 양이 절반으로 줄어
들 때까지 자작하게 졸인다.

8 실파를 썰어 넣고 깨소금, 참기름을 넣으면 완성된다.

● 토란의 영양학
《동의보감》에도 '토란은 성질이 평平하고 위와 장을 잘 통하게 하는데, 날
것으로 먹으면 독이 있지만 익혀 먹으면 독이 없어지고 몸을 보한다'고
전한다. 특히 토란줄기는 끈끈한 점성 물질인 갈락탄이 많이 들어 있어
혈압을 내려주고 혈중 콜레스테롤 수치를 낮추기 때문에 노인들에게 더
욱 좋다.

　　고소하고 담백한 들깨토란줄기탕과 전라도식 밑반찬으로 한 상이 차려
진다. 들깨토란줄기탕은 재료 준비하는 데만 꼬박 하루가 걸리는 번거로운
요리지만 종부는 시어머니를 위해 자주 상에 올린다. 며느리의 음식에 감
사의 마음을 전하며 마주 앉은 작은 밥상이 아름답다.

❖ 울산 김씨 하서 대종가 〈필암서원〉
전남 장성군 황룡면 필암서원로 184
주손 김인수　010-2779-9766

❖ 〈필암서원유물전시관〉
전남 장성군 황룡면 필암서원로 184 | 061-393-7270

파평 윤씨
대언종가

:: 채소부각

5명의 왕비를 배출한 명문가

고려 태조를 도와 후삼국을 통일한 공으로 삼한공신三韓功臣이 된 태사공 윤신달太師公 尹莘達을 시조로 하는 파평 윤씨는 문무를 겸비한 고려 중엽의 명장인 문숙공 윤관文肅公 尹瓘을 중시조로 두면서 수십 개의 파로 분파되었다. 파평 윤씨는 연산군의 어머니인 폐비 윤씨를 포함해 조선시대에 무려 5명의 왕비를 배출한 명문가이다. 중종 때 윤사균, 윤사흔 형제 집안끼리 번갈아 왕비를 배출하면서 정치적 암투를 벌이며 일가 상잔의 비극을 초래하기도 했다.

윤사균 집안에서 배출한 중종의 제1계비 장경왕후가 산후병으로 죽자 그 뒤를 이어 윤사흔 집안의 딸이 제2계비로 책봉돼 문정왕후가 됐다. 문정왕후가 경원대군을 낳은 뒤 장경왕후의 오빠 윤임을 중심으로 한 '대윤

파'와 문정왕후의 동생 윤원형을 중심으로 한 '소윤파'가 피비린내 나는 궁중 암투를 벌인 것은 드라마의 단골 소재로 등장할 만큼 그야말로 드라마틱하다.

장경왕후와 문정왕후를 비롯해 정현왕후, 정희왕후, 그리고 폐비 윤씨에 이르기까지 파평 윤씨 가문에 여성의 파워가 센 데는 시조 윤신달의 묘와 관련이 있다. 경북 포항시 기계면 봉계리에 위치한 윤신달의 묘는 봉좌산에서 활처럼 휘어져 좌측에서 우측으로 길게 내려오는 능선의 끝자락에 있다. 그리고 능선의 끝에는 다섯 봉우리가 우아한 성봉을 만들고 있는데 그 봉우리의 형상이 마치 여인의 눈썹과 같다는 아미사峨眉砂 형태를 취하고 있다. 아미사가 남자들보다는 여인네들의 귀함과 극귀를 나타내고 있으니 풍수이론에 따라 파평 윤씨는 청주 한씨와 더불어, 최다 왕비를 배출한 명문가가 되었다고 전한다.

파평 윤씨 하면 '잉어'와 관련된 설화를 빼놓을 수 없다.《조선씨족통보朝鮮氏族統譜》와《용연보감龍淵寶鑑》에 따르면, 파주 파평산 서쪽 기슭에 있는 용연에서 옥함이 수면 위로 떠오르며 한 아이가 나왔는데 옥함에서 꺼낸 옥동자의 겨드랑이에 기이하게도 81개의 잉어 비늘이 돋아 있고 발에는 7개의 검은 점이 북두칠성 형상으로 찍혀 있었으며 손바닥에는 '尹(윤)'이라는 글자가 새겨져 있었다고 한다. 이 아이가 바로 파평 윤씨 시조인 태사공 윤신달이다.

윤신달의 고손자 문숙공 윤관 장군에게도 역시 잉어와 관련된 설화가 있다. 별무반 창설과 여진 정벌로 유명한 윤관 장군이 적의 포위망을 뚫고 탈출하던 중 강가에 이르렀는데 앞에는 깊이를 가늠할 수 없는 시퍼런 강물이, 뒤에는 바짝 독이 오른 거란족이 쫓아오는 그야말로 진퇴양난의 상황에 처했다. 이때 불현듯 수백 마리의 잉어 떼가 나타나 다리를 놓아준 덕에 윤관 장군은 무사히 탈출할 수 있었다. 이때부터 파평 윤씨들은 자신들이 잉어의 자손이라 믿으며 잉어에게 보은하고자 절대 잉어를 먹지 않았다고 한다. 지금도 한 번씩 파평 윤씨 대종회는 파주 용연연못과 임진강에서 잉어 방류행사를 갖는다.

울며 왔다 울며 가는 첩첩산중의 맛

《택리지》를 쓴 이중환이 '높은 산에 둘러싸인 분지 사이로 냇물이 흐르는 기름진 땅'이라고 했던 경남 거창은 덕유산과 가야산에서 뻗어 나온 금원산, 기백산, 단지봉 등 해발 1,000m 이상의 높은 봉우리가 10개 이상이나 되는 제법 규모가 큰 고장이다.

땅이야 옥토일지 몰라도 그 옛날, 거창으로 들고나는 길은 그야말로 첩첩산중을 헤치고 가는 일이었기에 거창에서는 '울면서 왔다가 울면서 간다'는 우스갯소리가 나올 정도였다. 한양의 관리가 거창으로 발령을 받으면 거창에서 살 일이 막막해 눈물 바람이었다가 막상 임기를 끝내고 돌아갈 무렵에는 산자수명한 거창에 매료돼 차마 발길을 떼지 못하고 울었다고 한다.

이곳 거창에는 예부터 독립운동에 힘쓰고 인근 지역의 문화 사업에 일조한 명문, 파평 윤씨 대언공파 종택이 있다. 이 댁은 관직에 있는 종손이

파평 윤씨 대언종가 종택

거창을 떠나게 되자 셋째인 12대손 윤형묵 씨가 고향을 지키면서 자연스럽게 셋째 손부 오희숙 씨가 종부의 역할을 하고 있다. 파평 윤씨 대언공파의 내림음식은 '채소부각'이다.

"저희 부부가 거창 종택에서 시어머니를 모시게 되면서 제가 자연스럽게 내림음식을 배우는 행운을 얻게 되었습니다. 종가이다 보니 집안 대소사를 비롯해서 찾아오는 손님이 정말 많은데 그때마다 어머님은 채소부각을 대접하셨어요. 간단하면서도 맵시가 나는 상차림이라 손님들도 아주 만족했지요."

힘준한 산으로 둘러싸인 거창은 지리적 특성 때문에 타 지역으로 나가기가 어려웠다. 득히 날씨가 추워지면 멀리까지 장을 보러 나가기가 힘들었는데, 그러다보니 쉽게 구할 수 있는 채소들을 말렸다가 요리하는 부각이 발달한 것이다. 주로 채소를 생으로 무쳐 먹거나 데쳐서 나물로 먹는 경우가 많았고 그나마 색다르게 먹는 것이 바로 부각이었다. 예부터 명절이나 혼례 등 집안의 중요한 행사가 있을 때마다 채소부각이 빠지지 않고 상에 올랐다.

종부는 시어머니께 전수받은 부각 맛을 잘 살린 덕분에 2004년 전통식
품명인 제25호로 지정되었다. 지금에야 잘나가는 부각 명인에, 파평 윤씨
대언공파의 실질적인 안주인이 됐지만 전남 곡성 출신의 종부가 경상도로
시집오기까지 집안의 반대가 만만찮았다.

"아버지가 일찍 돌아가시고 큰형님이 계셨는데, 아내가 전라도 사람이
라 반대가 있었습니다. 집사람하고 결혼하려고 회사도 안 나가고 나흘간
단식 투쟁을 했었거든요. 그런데 이상하게도 그렇게 반대하던 사람들이 결
혼하고 아내가 윤씨 사람이 되니까 그리 잘해줄 수가 없어요. 아내가 어머
니도 잘 모시고 이렇게 손맛을 잇게 된 걸 보면 우리가 인연은 인연인가 봅
니다."

종부와 함께 부각 사업을 이끌어가고 있는 종손은 고난의 시간들을 견
디고 시집와 준 종부가 그저 고마울 따름이다.

세계인의 입맛을 사로잡은 건강스낵

부각은 튀각과 헷갈리기 쉬운데, 튀각은 재료 그대로를 튀기는 것이고
부각은 찹쌀풀을 바른 뒤 말렸다가 튀기는 것으로 만드는 방법이 약간 다
르다. 이 댁에서는 매콤한 고추부각을 특히 즐긴다.

"당근, 우엉, 연근, 깻잎 등 대부분의 채소들이 훌륭한 부각 재료가 됩니

다. 마른 새우를 가지고도 부각을 만들 수 있지요. 시어머니께서 전수해주신 전통적인 방법을 응용해서 제가 개발한 것인데, 다들 맛있다고 하더라고요."

대부분 고추 부각 만드는 것과 조리 방식이 같은데, 우엉과 연근은 단단하기 때문에 얇게 저며 끓는 물에 살짝 데친 뒤 찹쌀풀을 바른다. 찹쌀풀 만들기가 부담스럽다면 아예 찹쌀풀을 바르지 않아도 되는 감자부각에 도전해보는 것도 괜찮다. 감자는 자체에 이미 전분이 많이 함유돼 있어 찹쌀풀을 바르지 않아도 된다. 감자를 얇게 저며 끓는 물에 살짝 데친 뒤 햇볕에 말려 중간 불에서 튀기면 완성된다.

고추부각

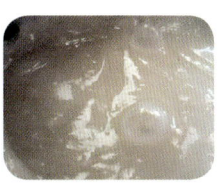

1 찹쌀가루를 물에 갠다.

2 끓는 물에 찹쌀 갠 물을 붓고 계속 저어 찹쌀풀을 만든다.

종부의 요리 TIP

"찹쌀풀을 만들 때는 눌러 붙지 않도록 계속 저어야 합니다. 그래야 찹쌀풀이 매끄럽게 만들어지고 나중에 부각의 식감이 훨씬 부드러워져요. 찹쌀풀이 재료의 맛과 향을 보호하는 코팅 역할을 하니까 부각에서는 이 찹쌀풀이 무척 중요해요."

3 깨끗이 씻은 풋고추를 세로로 길게 잘라 씨를 뺀다.

4 씨를 뺀 고추 면면이 찹쌀풀을 꼼꼼하게 바른다.

5 찹쌀풀 바른 고추를 가지런히 놓고 수분이 없어질 때까지 햇볕에 바짝 말린다.

연근부각

감자부각

6 잘 말린 고추는 기름에 재빨리 튀겨낸다.

종부의 요리 TIP

"튀김 온도가 너무 세면 겉만 타 버립니다. 반대로 불이 너무 약하면 기름만 많이 먹어서 안 좋아요. 중간 세기의 불에서 빨리 튀겨내야 말린 고추의 바삭한 식감을 살릴 수 있습니다."

7 기호에 따라 설탕을 살짝 뿌린다.

밑반찬이나 술안주로 사랑받는 매콤한 고추부각 외에 건강한 먹거리를 찾는 트렌드와 맞물리면서 고전적인 다시마부각, 김부각 등과 함께 다양한 부각들이 속속 등장하고 있다. 특히 채소를 잘 먹지 않으려고 하는 아이들에게 채소부각은 안심하고 먹일 수 있는 간식이자 영양제 역할을 톡톡히 한다. 제철 재료의 맛과 영양을 살린 천연스낵인데다 보관이 용이하다는 점 때문에 수출 효자상품이 된 지도 오래다. 우리에게 반찬이나 술안주로 친숙한 부각이 '오리엔탈 스낵'이라는 이름으로 사랑받는다니 뿌듯하고도 자랑스럽다.

❖ **파평 윤씨 대언종가**

경남 거창군 거창읍 밤티재로 1300 | 055-943-8375 / 070-7743-3701

〈오희숙 전통 부각〉 홈페이지 http://www.ohs.co.kr

탐진 안씨
백산종가

:: 망개떡

세상 모든 어머니의 맛

드라마 『식객』에서 대한민국 최고의 요리사 대령숙수 '오숙수' 역을 맡았고, KBS 로드다큐멘터리 『한국인의 밥상』을 이끌어가고 있는 탤런트 최불암 씨. 국민아버지로 불리는 그는 항상 어머니의 '손맛'에 목마르다고 한다.

세상의 모든 어머니는 어머니 이전에 누군가의 딸이었다. 한 세대를 지나 딸 역시 언젠가는 누군가의 어머니가 된다. 그러니 어쩌면 어머니의 손맛을 본능적으로 이해하는 사람은 나중에 배워 익힌 며느리보다 그 손맛을 가장 가까이에서 맛보고 배운 딸인지도 모른다. 요즘은 딸이 친정엄마의 요리 솜씨를 잇는 경우가 많아졌다. 딸들이 내림음식을 이어가는 건 아주 자연스러운 일처럼 보이지만 출가외인의 몸으로 외가의 손맛을 잇는 것은 각별한 애정과 사명감 없이는 되지 않는다. 탐진 안씨 백산종가가 그러하다. 손녀딸에서 또 그 딸로 손맛이 이어지고 있다.

독립운동자금을 조달한 백산상회

수많은 애국지사와 독립운동가들이 목숨을 바쳐 일제에 항거했지만, 안희제처럼 다양한 방법으로 독립운동을 전개한 인물은 드물다. 경남 의령군 부림면에서 태어난 백산 안희제白山 安熙濟, 1885~1943는 어려서부터 한학을 배웠는데, 매우 영민해 이치를 쉽게 터득하며 문장에도 뛰어났다고 전해진다. 러일전쟁 직후 1905년 을사조약이 체결되자 백산은 신학문을 익힐 뜻을 집안 어른들께 밝혔다.

"국가가 망해 가는데 선비가 어디에 쓰일 것입니까? 고서古書를 읽고 실행하지 않으면 도리어 모르는 것만 못합니다. 시대에 맞지 않는 학문은 오히려 나라를 해치는 것이니, 내일 당장 경성으로 올라가 세상에 맞는 학문을 하겠습니다."

안희제는 풍전등화 같은 조국의 상황을 헤아려 과감하게 신학문을 받아들였다. 그리하여 양정의숙養正義塾*에 재학하던 중 교남교육회嶠南教育會를 조직해 형편이 어려운 지방학생에게 학비를 지원하면서 배움의 기회를 열어주었다. 그리고 국권회복을 염원하는 장기적인 전략으로 1909년 영남의

* 1905년에 설립된 근대 사립학교로 현 양정고등학교의 전신으로 우리나라 최초로 서구식 법학을 도입한 3년제 사립 법학전문학교이다.

젊은 청년들로 대동청년당大東青年黨을 결성하는데, 이 조직은 해방될 때까지도 실체가 밝혀지지 않은 독립운동 비밀결사단체였다.

일제의 눈을 피해 일본으로 견학 간다는 소문을 퍼뜨린 뒤 1911년 봄, 안희제는 두만강을 건너 러시아 블라디보스토크로 망명한다. 하지만 만주와 시베리아를 유랑하면서 독립투쟁의 처절한 현장을 목도한 뒤, 독립을 위한 싸움도 결국 경제적 뒷받침이 있어야만 한다는 사실을 깨닫고 서둘러 귀국한다. 그 후 1914년 독립운동자금을 마련하기 위해 이유석, 추한식과 함께 부산에 작은 상점을 세우는데 그 회사가 바로 '백산상회白山商會'다. 표면적으로는 상업 활동을 통해 일제의 감시와 탄압을 피하고, 비밀리에 국내외 독립운동세력과 연락망을 구축하여 각종 정보와 독립운동자금을 전달하려는 의도였던 것이다. 초창기 백산상회는 곡물, 면직, 해산물을 판매하는 자본금 13만 원의 소규모 상회였지만 이후 자본금 100만 원의 백산무역주식회사로 확장돼 국내외 독립운동단체의 자금창고 역할을 담당했다.

1919년 1월, 파리강화회의가 열리자 독립운동 봉기를 촉구하기 위해 상하이 신한청년당이 국내에 파견한 밀사 김순애가 찾은 곳도, 동경 2·8학생독립운동을 국내에 전파하기 위해 김마리아가 찾은 곳도 바로 백산상회였다.

백범 김구가 "상하이 임시정부와 만주 독립운동자금의 6할이 백산의 손을 통해 나왔다"고 했을 정도로 백산의 자금력과 독립운동을 분리하여 생각하기는 어렵다. 하지만 백산상회가 독립운동자금의 공급처라는 것을 눈치 챈 일제의 탄압으로 훗날 민족기업으로 불리는 백산상회는 결국

탐진 안씨 백산종가 종택

1927년 문을 닫고 말았다.

백산상회로 그치는 것이 아니라 안희제는 계몽운동의 연장선상으로 언론 운동에도 관심을 가졌다. 1920년 4월 동아일보의 창립 발기인으로 참여하고 동아일보 부산지국장으로 활약했으며, 최남선이 창간한 시대일보를 인수해 중외일보로 변경, 항일투쟁을 지원한다. 또 만주 동경성 일대의 토지를 구입해 발해농장을 경영하면서 만주로 이주한 한국 농민들을 육성하고 독립의 물적, 인적 기반을 마련했다. 그러나 안희제는 1943년 8월 3일, 일본 경찰의 혹독한 고문 후유증으로 병보석으로 출감한 지 3시간 만에 순국하였다. 교육과 비밀결사 단체, 민족 산업과 항일언론, 그리고 노동운동까지 백산이 걸어온 길은 겉으로 드러나지 않았지만 오로지 조국의 자주 독립 한곳으로만 향했다.

아스라이 잊힌 이름 백산

백산이 세웠던 백산상회는 현재 '백산기념관*'으로 다시 태어났다. 부산 용두산 공원에 백산의 흉상이 앞바다를 내려다보고 있지만, 많은 이들이 백산이 누구인지 모른다. 백산기념관 역시 찾는 이가 없어 썰렁할 뿐이다. 교과서에도 제대로 소개되지 않은 독립운동가, 더러는 잊힌 이름, 백산 안희제의 묘비문은 이렇게 생을 증거하고 있다.

민족 사상의 고취자요, 민족 교육의 선각자요, 민족 자본의 육성자이시며, 민족 언론의 선각자이시자 민족의 지도자이신 백산 선생이 여기 잠들어 계신다.

의령의 3대 별미

백산 안희제의 생가가 있는 경남 의령군 부림면 설뫼마을은 의령의 3대 별미 중 하나인 '망개떡'으로 유명하다. 안희제의 친손녀 안경란 씨는 할아버지가 즐겨 드시던 망개떡으로 '의령백산식품'을 세웠고, 1999년에 '신지식인'으로 선정되었다.

---

* 1995년 8·15광복 50주년을 맞이하여 옛 백산상회 자리에 개관하였다. 백산 안희제의 유품과 독립운동 자료 80여 점이 전시되어 있다.

망개떡은 청미래덩굴 이파리로 감싸서 만든 떡인데, 청미래덩굴을 경상도에서는 '망개'라 부르다 보니 이리도 재밌는 이름 '망개떡'이 되었다. 원래 떡을 상온에 두면 빨리 상하는데 망개잎을 소금에 절였다가 떡을 싸게 되면 방부제 역할을 하면서 좀 더 오랫동안 보관할 수 있다. 또한 떡이 빨리 마르지 않고 촉촉한 상태를 오래 유지할 수 있어 다른 유화제를 쓸 필요가 없고 무엇보다 망개잎의 향이 더해져 맛이 한결 좋아진다.

"저한테 이 망개떡은 곧 백산 할아버지입니다. 옛날에 할아버지가 어디 나가실 때마다 망개떡을 많이 싸달라고 하셔서 참 많이도 만들었는데 지금 생각해 보니 독립운동하는 분들한테 갖다 주려고 그랬던 것 같아요."

의령 자굴산의 청정 공기와 맑은 물로 자란 망개잎의 재발견. 망개떡은 의령의 효자상품이 된 지 이미 오래다. 어쩌면 그 옛날 백산상회가 망개떡이라는 이름으로 다시 태어나 지역경제의 원동력이 되고 있는지도 모른다.

백산의 손녀가 빚는 망개떡

시댁에서 추석 차례를 지낸 딸이 친정으로 오면 친정어머니의 일손을 도와 망개떡 빚기에 나선다. 딸 강지나 씨는 어려서부터 망개떡이라면 이 골이 났다고 손사래를 친다.

"망개잎을 따고 찌고, 하루 종일 떡에 매달려 있어야 해요. 팥도 8시간 이상 고아야 하고, 떡도 쪄서 손으로 반죽하니 진짜 종일 떡만 만드는 거지요. 너무 하기 싫어서 울고불고 난리도 아니었습니다."

그래도 명절마다 망개떡이 빠지면 서운하다며 추석 때 송편과 함께 망개떡을 꼭 만든다고 한다. 원래 망개잎이 나오기 시작하는 늦은 봄부터 단풍 들기 직전 늦가을까지 망개떡이 제철인데, 지금은 가을철에 수확한 망개잎을 소금물에 담갔다가 쪄서 냉동 보관을 하기 때문에 사시사철 싱싱한 망개떡을 맛볼 수 있다. 냉동한 망개잎은 떡을 만들 때 물에 담가 소금기를 뺀 뒤 살균 소독을 위해 다시 한 번 솥에 찌면 잎을 갓 땄을 때의 신선한 상태가 된다고 하니 일반 가정에서도 얼마든지 만들어 먹을 수 있다.

망개떡

1 망개잎을 따서 깨끗하게 씻은 뒤 살짝 데친다.

종부의 요리 TIP

"원래는 생 망개잎을 씻기만 하고 떡하고 같이 쪘는데, 이파리와 떡이 들러붙어 잘 떨어지지 않더라고요. 이파리를 한 번 삶은 뒤 찌면 잘 떨어집니다."

2 검정 팥을 8시간 이상 푹 삶아서 체에 으깨며 껍질을 벗긴다.

3 체에 걸러 곱게 내린 팥을 약한 불에 다시 졸여서 팥소를 만든다.

4 멥쌀을 익반죽하여 쫄깃쫄깃해질 때까지 치댄다.

5 팥소를 싸는 반죽은 3mm 정도의 두께로 아주 얇게 민다.

6 반죽에 팥소를 올려 찹쌀떡 모양으로 빚는다.

7 데친 망개잎으로 떡의 위아래를 덮은 뒤 김이 오른 찜통
  에서 15~20분간 찐다.

이파리 사이로 하얀 꽃이 피었다. 금방이라도 나비가 앉을 듯 고운 자태를 뽐낸다. 경상도 지역 별식으로 여겨졌던 망개떡이지만, 건강한 먹을거리를 찾는 요즘의 트렌드와 맞물려 전국적으로 찾는 이들이 많아졌다. 의령군은 토속음식의 맥을 잇기 위해 대규모 망개나무 재배 단지 조성에 들어간 데다 망개떡의 전국 유통과 장시간 택배 배송을 위한 가공기술 개발에도 성공했다.

평생을 빚어도 질리지 않을 할아버지의 떡, 딸이 망개떡을 전수하겠다하니 백산의 손녀는 그저 든든할 따름이다.

❖ 탐진 안씨 백산종가
경남 의령군 부림면 입산로2길 37 | 055-574-2843
4대손 강지나 010-4581-2274
〈의령백산식품〉블로그 http://new.womanfarm.com/store/A00019

❖ 〈백산기념관〉
부산시 중구 백산길 11 | 051-600-4067

이천 서씨
양경종가

:: 집장과 해물수란채

손순의 이야기가 전하는 효자마을

경북 경주시 현곡면 소현리는 신라 손순孫順의 유허비가 있는 소문난 효자마을이다. 품팔이로 어렵게 가정을 꾸리면서도 노모를 극진히 봉양했던 손순은 어린 자식이 얼마 되지도 않는 노모의 음식을 자꾸 뺏어 먹는 것을 보고 자식은 또 낳을 수 있지만 어머니는 다시 얻을 수 없다며 아이를 버리기로 결심한다. 취산 북쪽에 올라 아이를 묻기 위해 땅을 파는데 거기서 이상한 돌종이 나왔다. 이를 괴이하게 여긴 손순은 도로 아이를 데리고 돌아왔고 돌종은 매달아 놓고 날마다 쳤다. 이 사연을 접한 왕은 손순의 효성에 감복해 집과 쌀을 하사했다고 전해진다. 이 이야기는 선뜻 받아들이기 힘든 부분이 있으나 손순이 얼마나 지극하게 부모를 봉양했는지는 알 수 있다.

손순의 유허비가 있는 동네라 그런지 예부터 효자마을로 알려진 이곳은 지금도 어른을 공경하며 잘 모시기로 유명하다. 소현리에 자리한 이천 서씨 양경공파 종가에서도 효자 효부를 만날 수 있다.

말괄량이 신세대 종부

이천 서씨 양경공파 22대 종손 서세붕 씨 내외와 세 아이, 그리고 이제 거동이 많이 불편해지신 21대 노종부까지 삼대가 모여 사는 양경공파 종택에서는 매일같이 아이들의 글 읽는 소리가 담을 넘는다. 종손이 아이들에게 항상 뿌리와 가문에 대한 것을 가르쳐 주려고 애쓰는 덕에 아직 어린

이천 서씨 양경종가 종택

아이들이지만 이천 서씨의 인물 서희, 서유 하며 조상들을 줄줄 왼다.

이천 서씨의 대표적인 인물은 서희徐熙, 942~998 장군이다. 서희는 거란이 창궐할 때 자진해서 국서를 갖고 적장 소손녕과 담판을 벌인 외교가로 이름을 떨쳤다. 양경공파는 조선 초기의 문신 양경공 서유徐愈, 1356~1411를 파시조로 하는데, 서유는 제2차 왕자의 난 때 이방원을 도와 왕위에 오르는 데 큰 공을 세워 예조판서에 이른 어른이다. 서유는 문무에 두루 덕망이 높아 세자를 가르치기도 했고, 특히 박포의 난을 진압하는 데 큰 공을 세웠다. 그 당시 날아든 화살에 한쪽 귀를 잃은 서유는 초상화에도 오른쪽 귀가 없다.

이 댁의 젊은 종부 권순미 씨는 무슨 일을 하든 노종부에게 쪼르르 달려가 "어무이요~" 하고 살갑게 부르며 질문 세례를 쏟아놓는다.

"어머니께서 요리 하나는 기가 막히게 잘하셨습니다. 지금도 몸은 편찮으시지만 요리나 맛에 대한 기억은 그대로 남아 있으세요. 그래서 매번 이렇게 확인을 받고 요리를 합니다."

오른쪽 귀를 잃은 양경공 서유의 초상화

결혼 후에도 직장을 다녔던 종부는 시어머니가 언제까지나 종가의 일을 다 맡아 하시겠거니 생각했는데, 시어머니의 몸이 불편해지자 지난 시간이 후회스럽다고 한다.

"어머니 솜씨가 워낙 좋으시다 보니 친정아버지께서 제게 시어머니의 요리법을 다 받아 적어서 책으로 만들어 놓으라고 내내 이르셨거든요. 그런데 그때는 애들 키우느라, 직장 다니느라 바쁘고 피곤하니까 그냥 네, 하고 대답만 했지 실천할 생각을 못했어요. 지금은 정말 후회가 됩니다."

털털하고 붙임성 있는 성격의 종부는 여느 여자들과는 달리 외모를 치장하는 것에 별 관심이 없다. 종손이 10년도 더 된 아내의 재킷을 보며 선보던 때를 떠올린다.

"우리가 선을 두 번 봤거든요. 그나마 이 옷은 나아요. 처음 옷은 더했지요. 그렇게 촌스러운 치마가 어디서 났는지 몰라도 희한한 것을 입고 나왔어요. 알고 봤더니 그게 장모님 옷이었다 하더라고요. 못 봐줄 정도였어요."

그때를 회상하는 종손의 얼굴에 웃음이 번진다. 10여 년 전 서로에게 별 호감을 느끼지 못한 채 헤어졌던 두 사람은 그로부터 5년 뒤 우연한 일로 재회하게 되었다. 종부 집안의 할아버지가 돌아가셔서 종손 집에서 문상을 가게 되었는데 그때까지 미혼이었던 두 사람을 다시 엮어주자고 양가에서 의기투합한 것이다. 종부의 친정아버지는 딸을 달랬다.

"나무 한 그루보다는 여러 그루가 모여 숲을 이루는 것이 좋다. 크게 번성해서 일가를 이룬 집으로 가거라. 사람에게는 무엇보다 뿌리가 중요하다.”

종부가 양경공파 종가의 사람이 된 데는 시어머니의 공이 컸다. 다시 보는 맞선 자리에, 갑작스레 일이 생긴 종손은 어머니를 먼저 내보냈다. 종손이 약속 장소에 도착한 것은 그로부터 2시간 뒤, 어찌된 일인지 두 사람은 무척 친해져 있었다.

“저를 좋게 보셨는지 몰라도 꼭 며느리 삼고 싶다고 하셨습니다. 어머니를 잠깐 뵈었지만 정말 배울 것이 많겠다는 생각이 들었어요.”

그렇게 말괄량이 아가씨는 이천 서씨 양경공파의 종부가 되었다.

사라져가는 우리의 맛

이 댁에서 집안 대대로 전해 내려오는 요리는 ‘집장’이다. ‘거름장’, ‘보리겨떡장’이라고도 부르는 집장은 경상도, 충청도, 전라도 같은 중부 이남에서 즐겨 먹던 별미로 지방마다 약간씩 제조법은 다르다. 일반적으로는 절인 무와 가지 같은 채소류에 메줏가루와 고춧가루 등을 넣고 숙성시킨 요리인데 집집마다 넣는 재료에도 조금씩 차이가 있다. 단기발효식품인 집장은 쌈장이나 밑반찬으로 두루 쓰이면서 찌개나 국의 양념으로도 사용한다. 예부터 노종부의 집장은 맛이 좋기로 유명했다. 노종부는 해마다 가을이면 집장을 가득 담갔다가 서울이며 전국 각지에 있는 식구들에게 택배로 보냈다.

“집장의 채소를 한입 깨물면 달짝지근한 물이 탁탁 터지면서 맛이 기가막히게 좋아요. 끼니때마다 반찬으로도 먹고 찌개도 끓여 먹습니다.”

종부가 노종부에게 전수받은 요리를 한 가지 더 선보인다. 종가에 어르신들이 모이는 명절이나 제사 다음 날이면 꼭 먹는 '해물수란채'다. 이천 서씨 양경공파의 수란채는 해물이 많이 들어가는 것이 특징이다.

"어머니의 시어머니께서 좋아하시던 게를 제사상에 올리면서부터 수란채에 게살도 들어가게 되었다고 해요. 저희 집에서는 메탕국에도 쇠고기가 아닌 닭고기를 쓰곤 합니다. 어머니는 어르신들이 생전에 좋아하셨던 음식을 기억했다가 제사상에 올리곤 하셨어요. 그래서 저희 집만의 해물수란채가 만들어진 거죠."

제사 때처럼 기름기 많은 음식을 섭취한 다음 날이면 목 넘김이 쉽고 깔끔한 해물수란채로 아침을 대신한다.

집장

1 총각무, 고추, 가지, 부추를 깨끗이 손질하여 한데 담고 소금물에 절인다. 총각무 대신 무를 깍둑썰기하여 사용하기도 한다.

2 절인 채소를 물에 씻은 뒤 메줏가루와 찹쌀풀을 넣어 버무린다. 고춧가루는 넣지 않는다.

3 소금으로만 간을 한다. 소금물에 절인 채소이므로 간이 짜지지 않도록 유의한다.

4 메줏가루에 버무린 채소를 전기밥솥에 넣고 하루 이상 삭힌다.

종부의 요리 TIP

"예전에는 두엄이나 비료로 쓰기 위해 쌓아둔 짚더미 속에 4~5일 정도를 삭혔지만 요즘은 그런 것들이 흔하지 않잖아요. 그래서 이렇게 전기밥솥에 삭히는데 그러면 기간도 많이 단축됩니다. 가을에 담근 집장 하나면 무기질, 단백질, 비타민 같은 각종 영양소가 채워지니까 맛는 찬이라 할 수 있지요."

해물수란채

1 먼저 문어를 살짝 삶아 얇게 저민다. 어르신들이 씹기 좋을 정도의 크기면 된다.

2 게는 삶아서 속살을 찢어둔다.

3 감식초를 대접에 조금 붓고 거기에 숟가락 머리로 눌러 잣을 으깬다.

4 으깬 잣에 설탕, 참기름, 깨, 조선간장을 넣고 잘 저어 양념장을 만든다.

5 파를 크게 듬성듬성 잘라 끓는 물에 살짝 데쳐 파 육수를 만든다.

> ### 종부의 요리 TIP
> "멸치나 다시다 우린 물은 쓰지 않습니다. 파 육수를 내야 맑고 단맛이 나기 때문에 해물수란채 육수로 알맞지요."

6 살짝 데친 파는 건져내 잘게 자른다.

7 삶은 문어와 게살을 양념장에 넣어 버무리고 파 육수를 붓는다.

8 4등분한 달걀 반숙과 실고추를 얹어 장식한다.

● 수란채의 영양학

대게나 문어에는 타우린이 풍부해 피로회복과 강장효과가 뛰어나다. 특히 콜레스테롤 수치를 낮추는 데 도움이 되는데, 수란채는 기름에 튀기는 것이 아니라 찌는 방식이어서 성인병 예방에도 좋다. 특히 소화흡수가 쉬워 노인들이 섭취하기 좋은 저지방 고단백 음식이다.

아직은 서툰 솜씨지만 젊은 종부의 집장과 해물수란채가 꽤나 먹음직스럽다. 노종부의 평가를 기다릴 때마다 종부는 가슴이 콩닥거린다. 수십 년의 손맛을 금세 흉내 낼 수 있을까만 머잖아 며느리는 시어머니의 손맛을 닮게 될 것이다.

❖ 이천 서씨 양경종가
경북 경주시 현곡면 소현효자길 9-6 | 054-745-5012

경주 손씨
대종가

:: 대추란

조선시대의 비벌리힐스 양동마을

안동 하회마을과 함께 유네스코 세계문화유산에 등재된 경주 양동마을. 아직까지 하회는 알아도 양동은 모른다는 이들이 많다. 그만큼 하회마을이 상업화의 진통을 겪었다면 양동마을은 그런대로 훼손이 덜 된 편이다. 품격 높은 반촌의 모양새를 잃지 않은 동네가 있다는 것에 적잖이 안도된다.

경주에서 형산강 줄기를 따라 동북 포항 쪽으로 40리 들어간 곳에 위치한 양동마을은 경주 손씨와 여강 이씨 양대 문벌로 형성되었다. 그런데 흔히 생각하는 배산임수의 넉넉한 들판이 아니라 높은 언덕배기에 둥지를 튼점이 특이하다. 동양학자 조용헌 교수의 표현을 빌리자면 조선시대의 비벌리힐스가 바로 이곳 양동마을이라고 한다. 양동마을을 미국의 부자동네로 손꼽히는 비벌리힐스의 한국형이라고 비유하는 데는 양동의 풍수지리가 한몫한다.

하회와 양동의 지형을 비교해 하회가 물 위에 뜬 연꽃 모양을 한 연화부수蓮花浮水형의 길지라고 하면, 양동마을의 전체적인 형태는 설창산雪蒼山을 중심으로 지맥 네 군데가 뻗어져 나온 '勿(물)'자 형국이다. 도봉골, 물봉골, 안골, 장태골 능선을 중심으로 마을이 형성되었는데 풍수지리상 재물복이 많은 구조라는 것이다. 이런 지형은 앞이 낮고 뒤가 높아 일조량이 풍부한 데다 여름에 특히 시원하고, 50~70m에 달하는 높은 언덕에 집이 있기 때문에 풍수해 피해가 없다. 자연재해로부터 멀어진다면 농사나 학업이 두루 잘될 수밖에 없으니 재물복이 많다는 것도 과연 헛된 말이 아니다.

'참을 인忍' 자를 백 번 쓰다

물자 형국의 맨 윗자리에는 '서백당書百堂'으로 잘 알려진 경주 손씨 대종가의 종택이 있다. 중요민속문화재 제23호인 서백당은 충남 아산에 있는 '맹씨행단孟氏杏壇*'을 제외하고는 우리나라에서 가장 오래된 주택인데, 그 시작은 양동마을 입향조인 양민공 손소襄敏公 孫昭, 1433~1484부터다. 손소가 처

---

* '맹씨 집안이 사는 은행나무 집'이라는 뜻으로 원래는 고려 말기 충절의 상징인 최영 장군의 가옥이었는데, 맹사성이 최영의 손녀사위가 되면서 물려받게 되었다. 최영 장군에 이어, 검소한 생활과 원칙으로 명성을 높인 맹사성이라는 걸출한 역사적 인물을 배출한 가옥은 풍수지리적으로도 최고의 명당으로 꼽힌다. 명성에 비하여 낮고 허름한 가옥이지만 낮은 산들로 둘러싸인 아늑함이 일품이다. 가옥의 역사는 최소 600년이 넘었고 우리나라 민간 가옥 중 가장 그 역사가 깊다.

경주 손씨 대종가 서백당

'서백당' 편액

가 마을에 입향한 시기가 1458년이니 서백당의 역사도 무려 550년, 손소 이후로 무려 20대가 이곳에 뿌리를 내리고 세거지를 이루고 있다.

경주 손씨 대종가의 사랑채 당호 '서백당'은 '참을 인忍 자를 백 번 쓴다'는 의미다. 참을 인 자를 백 번이나 써야 할 일이 무어 있겠나 싶지만 10만 명이나 되는 경주 손씨의 정신적 지주인 20대 종손 손성훈 씨의 고민과 부담은 매우 크다.

"참는다는 게 쉬우면서도 참 어려운 부분입니다. 그래도 세대 간에나, 종횡으로 가족 간에 서로 삐걱거리는 부분들을 참다 보니 지금까지 집성촌이 유지되는 것 같아요. 작고하신 선친은 장날에 외출을 삼가도록 했습니다. 사람 많은 데 갔다가 혹여 흐트러진 모습이라도 보이게 되면 그걸 회복하기가 정말 어렵거든요. 그래서 어떻게든 구설수에 오르는 것을 피하라는 것이죠. 저를 위시해 많은 종손들이 아마 이런 중압감을 갖고 있을 겁니다."

서백당 마당에는 이곳을 찾는 사람이라면 누구나 눈이 휘둥그레질만한 나무 한 그루가 있다. 둘레며 높이가 어마어마한 아름드리 향나무가 온몸으로 서백당의 기품을 드러내고 있는데, 서백당을 지을 당시 양민공이 직접 심은 나무라니 수령이 500년이 훌쩍 넘었다. 양동마을에는 향나무가 많은데 이 서백당 향나무가 양동 향나무들의 원조라니 과연 대종가의 상징이라 할 수 있겠다.

"지금으로부터 수십 년 전의 일입니다. 1970년대 초반에 모 그룹 재벌이 저희 집에 와서 나무를 보셨나 봅니다. 그런데 리조트를 조성하는데 이 향나무를 꼭 쓰고 싶다고 당시 돈으로 2천만 원에 사겠다고 했어요. 나무를 옮길 때도 상하지 않게 헬기 두 대를 동원해서 옮기겠다고 구상까지 했다는 거죠. 물론 그 자리에서 거절했지만 말입니다."

2천만 원이면 당시로서는 엄청난 거액이다. 나무 한 그루를 그 값에 사

서백당의 기품을 더해주는 500년 수령의 향나무

겠다는 사람도 대단하지만, 그 유혹을 일언지하에 거절한 종손도 참으로 대단하다.

"자존심과 자부심이죠. 이런 생각이 없으면 종가나 종택을 품위 있게 유지하기 힘듭니다. 어찌면 참을 인을 강소하신 서백당의 정신이 이런 게 아닌가 합니다."

향나무뿐만이 아니다. 오직 경주 손씨 사람들만이 누릴 수 있는 '산실産室'이야 말로 모든 이들이 탐내는 명당이다. 조선시대 명문가들은 특별한 기운이 있는 산실에서 아이를 낳아야 땅의 정기를 받아 후에 큰일을 하는 인재가 된다고 했는데, 이곳 대종가의 산실이야말로 천하명당이기 때문이다. 집을 지을 때 유명한 풍수가가 뒷산 문장봉文章峰의 정기를 받아 3명의 혈식군자血食君子*가 날 길지라 했다고 한다.

경주 손씨 산실이 낳은 혈식군자, 첫 번째 인물은 우재 손중돈愚齋 孫仲暾, 1463~1529이다. 그가 상주 목사牧使**로 재임했을 때 주민들이 생사당生祠堂**을 지어 모셨을 정도로 큰 존경을 받았다. 두 번째 인물은 우재의 생질이자 조선을 대표하는 대학자, 회재 이언적晦齋 李彦迪, 1491~1553이다. 친정의 산실에서 3명의 혈식군자가 난다는 예언을 익히 들었던 회재의 어머니는 해산기를 느끼자 일부러 친정인 서백당에 와서 아이를 낳았다고 한다. 그 기운 덕분

* 나라의 제사를 받을 만큼 큰 업적을 이루는 자
** 조선시대에 관찰사의 밑에서 지방의 목牧을 다스리던 정3품 외직 문관
** 감사나 수령의 공적을 찬양하는 표시로 그 사람이 살아 있을 때부터 백성들이 제사 지내는 사당

인지 회재는 동방 5현으로 추모되는 영광을 누렸다. 혈식군자 3명 중 한 명을 외가에 빼앗긴 셈이니 손씨 사람들로서는 안타깝고도 배 아픈 일이 아닐 수 없었다. 그래서 회재 이후로 경주 손씨 딸들은 친정 산실에 와서 아이를 낳을 수 없게 되었다.

종손은 자식 둘을 산부인과에서 낳았다고 하니 아직 마지막 한 명이 남은 셈이다. 경주 손씨 대종가에서 또 한 번 걸출한 인물이 날 것을 기대해도 좋겠다.

대종가의 뜻을 담은 대추란

서백당의 안주인, 경주 손씨 대종가 20대 종부 조원길 씨는 깊고 서늘한 눈매가 인상적이다. 식기를 척척 챙기며 재료를 다듬는 다부진 손놀림이 예사롭지 않다. 유네스코 세계문화유산 등재를 위해 실사단이 양동마을을 찾았을 때, 60명이 넘는 귀빈 한 분 한 분에게 독상으로 식사 대접을 해 찬사를 받았다고 하니, 양동마을이 세계문화유산으로 등재된 데는 조원길 종부의 손맛도 어느 정도 기여하지 않았을까.

"지금으로부터 30년도 더 된 일이에요. 학생운동을 하던 학생 같은데 귀공자 같이 생긴 젊은이가 우리 집을 찾아온 적이 있었습니다. 한눈에 봐도 끼니를 제대로 먹지 못한 것 같아 식사를 대접하고 싶었지요. 그런데 하필이면 집에 식은 밥과 김치밖에 없었거든요. 그래도 정성스런 마음으로 상을 차려 내놓았더니, 그 젊은이가 순식간에 두 그릇을 비우는 거예요. 그러고는 '잘 먹었습니다' 하고 모자를 벗고 고개를 깊숙이 숙이며 인사를 하는데 내 생전 그렇게 정중한 인사는 받아본 적이 없습니다. 그때 알았어요. 반찬 가짓수가 중요한 게 아니라 내가 곡진하게 대접하면 상을 받는 사람에게도 그 마음이 전해진다는 걸 말이에요."

대접하기 부끄러울 만큼 단출한 밥상도 배고픈 이에게는 최고의 밥상이 된다. 종부는 그날 이후로 모든 상차림에 더욱 세심한 정성을 기울이게 되었다고 한다.

마음 따뜻한 종부가 선보일 경주 손씨 대종가의 내림음식은 '대추란'이다. 종가의 지손支孫들이 해마다 추수한 대추 중 제일 좋은 것으로 골라 보내오는데, 시장에서 파는 대추와는 크기부터 다르다. 종부는 해마다 이렇게 지손들이 추렴한 최상급 대추 20kg으로 1년 치 대추란을 만들어 손님들께 대접해 왔다.

식용으로 널리 쓰이는 대추는 관혼상제에 필수적인 과실로 꼽히는데, 제상이나 잔칫상에 과실을 그대로 놓거나 조란이나 대추초 등의 한과류로 만들어 올리기도 한다. 전통적으로 과실을 삶아 으깨는 음식을 '란'이라 부르는데, 대개 대추란은 '조란'이라 부르고 밤란은 '율란'이라고 칭한다. 이 댁에서는 이름 그대로 대추란이라 부른다.

대추란

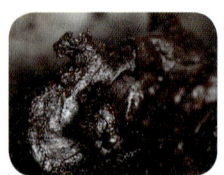

1 물에 불린 대추를 생강과 함께 넣어 끓인다.

2 도마 위에 면포를 깔고 잣을 골고루 다진다.

종부의 요리 TIP

"잣을 다질 때 잣기름이 나와서 칼이 자꾸 미끄러지거든요. 이렇게 면포를 깔고 다지면 잣기름을 면포가 흡수해서 거뜬하게 잘 다져집니다."

3 삶은 대추를 면포에 싼 뒤 빨래를 짜듯 대추의 과육을 꼭 쥐어짠다.

4 과육에 소금 간을 살짝 한다. 설탕 대신 소금을 조금 넣으면 설탕이나 꿀의 단맛과는 다른 원래 대추가 가진 깊은 단맛이 우러나온다.

5 과육에 계피가루를 넣고 약한 불로 졸여서 굳히면 대추반죽이 된다.

6 대추반죽을 작게 떼어 안에 잣을 서너 알 넣고 대추 모양으로 작게 뭉친 뒤 위아래로 잣을 박고 다진 잣가루에 굴린다.

●대추의 영양학

대추나무의 열매. 그 색이 붉다 하여 홍조紅棗라고도 하는데, 찬 이슬을 맞고 건조한 것이라야 홍조가 좋은 양질의 대추가 된다. 과육에는 주로 당분이 있고, 씨에는 지방을 비롯한 여러 성분이 들어 있어 한방에서는 이뇨강장, 건위진정, 건위자양의 약재로 널리 쓰인다.

길고 긴 시간과 과정을 거쳐 보기에도 참 앙증맞고 예쁜 대추란이 완성되었다. 종가를 받드는 지손들의 귀한 마음, 그리고 일가를 소중히 여기는 종가의 마음이 대추란에 오롯이 담겨 있는 듯하다.

❖ 경주 손씨 대종가
경북 경주시 강동면 양동마을안길 75-6 | 070-7098-3569

진주 하씨
단계종가

:: 추어탕과 도토리묵장아찌

두 임금을 섬길 수 없다

단종의 복위를 꾀하다 목숨을 잃은 사육신의 한 명, 단계 하위지^{丹溪 河緯}
^{地, 1412~1456}는 경북 선산 출신으로 형 하강지^{河綱地}, 동생 하기지^{河紀地} 사이에
태어났다. 전해오는 말에 의하면 그가 태어난 뒤 3일간 생가 앞 시냇물이
붉게 물들었다 해서 '단계'라는 호를 썼다고 한다. 형제들과 더불어 어려서
부터 학문에 뜻을 두고 공부에만 열중했던 단계는 1435년(세종 17년)에 생
원, 1438년(세종 20년)에 집현전부수찬에 임명되며 이름을 드높였다. 최만
리, 정창손 등과 함께 훈민정음 창제에 반대하는 입장에 섰다가 한때 세종
의 진노를 사기도 했지만 세종은 집현전 학자들을 아꼈고 단계를 사랑했
다. 단계가 병으로 사직하자 세종은 특별히 약을 내려 고향에서 치료하게
하고, 경상도관찰사에게 그를 치료하도록 특별 전지를 내렸을 정도이다.

세종은 임종 전에 문종과 수양대군에게 형제애를 유독 강조했다. 병약한 문종과 그에 비해 강한 기운을 지닌 수양대군이 사후에 왕권을 두고 다툴 것을 미리 예감했을 것이다. 또한 집현전 학자들을 불러 어린 손자의 앞날을 부탁하는 유언을 남기기도 했다.

세종의 뒤를 이은 병약한 문종은 자신의 단명을 예견하고 영의정 황보인, 좌의정 김종서 등에게 자기가 죽은 뒤 어린 왕세자가 등극하였을 때 잘보필할 것을 부탁한다. 하지만 1453년(단종 1년) 단종의 숙부인 수양대군은 계유정난癸酉靖難을 일으켜 김종서, 황보인을 비롯한 단종의 보좌세력과 원로대신 수십 명을 살육하고 어린 조카의 왕위를 빼앗았다.

즉위 직후 세조는 하위지의 재주와 신념을 아껴 여러 번 교서를 내려 예조참판에 임명했다. 단종의 복위에 뜻을 둔 하위지였기에 마지못해 벼슬을 받아들이기는 했으나 세조의 녹祿을 먹는 것을 부끄럽게 여겨 세조 즉위 후부터 받은 국록은 따로 한 방에 쌓아 두고선 절대 손대지 않았다. 그러던 1456년, 하위지는 성삼문, 박팽년 등과 더불어 단종의 복위를 꾀하다 김질의 배반으로 의금부에 끌려간다. 세조는 젊어서부터 인연을 맺은 하위지인지라 그의 재능을 아껴 모의한 사실을 고백하고 잘못했다는 한마디면 용서해주겠다고 타일렀으나 단계는 그 뜻을 굽히지 않았다. 그리하여 결국 팔과 다리를 각기 다른 4개의 수레에 매달아 죄인을 찢어 죽이는 거열형車裂刑에 처해졌다.

역적은 삼족을 멸하는 법에 따라 사육신의 아버지, 아들, 형제, 조카까지 처형하였으나 세조는 하위지에게만은 예외를 두어 어린 조카들을 사형에 처하지 않고 변방으로 유배를 보냈다. 미성년자라서 살아남은 조카 귀동은 훗

진주 하씨 단계종가의 창렬서원

날 이름을 '원'으로 개명하고 하위지의 양자가 되어 단계의 가문을 이었다.

하위지는 죽은 지 200년이 지나 숙종 때 신원伸寃되고, 영조 때 '충렬忠烈'이라는 시호를 받는다. 반역의 죄를 물어 가문의 명맥이 끊길 뻔했으나, 수백 년이 지나 높은 충절과 의기로 그 명성을 이어가고 있는 진주 하씨 충렬공 단계종가. 그의 후손들은 1809년 그의 학문과 충절을 추모하기 위해 창렬서원彰烈書院을 마련했고 뒤편 충렬사에는 단계의 위패를 봉안해 모시고 있다.

농구선수에서 종부로

진주 하씨 단계종가 18대 종부 강순희 씨는 실업리그까지 뛰었던 농구선수 출신이다. 농구선수로 활약하던 중 육군본부에 근무하던 종손을 만나 1년 반 정도 교제했다. 종손이 그냥 맏아들 정도인 줄 알았던 강순희 씨는 안동 서후면으로 시집와 단계 집안 종부로서의 삶을 시작하게 되었다.

하지만 시어머니는 종손이 어렸을 적에 돌아가셨고, 시누이들도 모두 출가한 터라 큰 집안의 살림을 제대로 배울 데가 없었다. 기제사를 비롯해 1년에 무려 스무 번의 제사를 떠안아야 했지만 어디 하소연 할 데도 없었다. 생경한 집안 환경도 낯설었지만 농구선수로 뛰었을 만큼 활동적인 성격을 감추고 살다 보니 서럽고 힘들어 친정으로 도망간 적도 있었다고 한다. 하지만 친정어머니의 만류로 다시 돌아올 수밖에 없었던 종가였다.

"제대로 할 줄 아는 게 없으니까 더 힘이 들었죠. 요리뿐만 아니라 살아가는 방식을 바꿔야하는 것이니까요. 내 삶을 포기하는 이 갑갑한 생활에 적응이 안 됐습니다. 정말 모든 것을 다 내려놓고 나갔다가 친정어머니의 설득으로 다시 돌아오게 된 거지요."

종가로 이 악물고 돌아왔으니 이제 제대로 한번 해보자는 오기가 생겼다는 종부는 창렬서원을 고택체험장으로 신청하고 인터넷 카페도 개설했다. 창렬서원을 찾는 외국인이 많아지자 외국어 공부도 열심히 한다. 고택에 묵어가는 손님들을 어떻게 하면 더 잘 대접할까 싶어서 종손과 집안 어르신들이 좋아하던 반찬과 장아찌도 선보인다. 털털하고 씩씩한 종부 덕에 창렬서원의 이름과 위상이 달라지고 있다.

가을보양식의 최고봉

"그는 사람됨이 침착하고 조용했으며, 말이 적어 하는 말은 버릴 것이 없었다. 공손하고 예절이 밝아 대궐을 지날 때면 반드시 말에서 내렸고, 비가 와서 길바닥에 비록 물이 고였더라도 그 질펀한 길을 피하기 위해 금지된 길로 다니지 않았다."

– 《추강집秋江集》 중

　지난 세월, 아내의 고충을 누구보다 잘 아는 이는 진주 하씨 충렬공파 18대 종손 하용락 씨다. 과묵하면서도 다정한 종손은 남효온의 저서 《추강집》의 〈육신전六臣傳〉에서 전하는 하위지를 꼭 닮았다. 듬직한 종손은 가을이면 아내를 위해 논에서 미꾸라지를 잡는다. 단계종가의 가을보양식 '추어탕'을 만들기 위해서다. 성질이 따뜻하고 몸을 보하는 추어탕은 전국적으로 인기가 있는 가을 대표 보양식이다. 농촌에서는 추분이 지나고 찬바람이 돌기 시작하면 미꾸라지를 잡기 위해 논에 물을 빼고 논 둘레에 도랑을 파는데 이른바 '도구'치기를 한다. 도구를 치면 진흙 속에서 겨울잠을 자려고 논바닥으로 파고 들어간 살찐 미꾸라지를 잔뜩 잡을 수 있다. 이렇게 잡은 미꾸라지로 추어탕을 끓여 동네잔치를 여는데 이를 '상치마당'이라 한다. 뜨끈한 추어탕 한 그릇에 어르신들을 존경하는 상치尚齒의 마음을 담아 대접하는 참으로 아름다운 우리네 풍속이다.

　추어탕을 만드는 방법은 지역에 따라 조금씩 차이가 있다. 경상도 식은 미꾸라지를 삶아 으깬 뒤 갖은 채소를 넣고 푹 끓이는 것이고, 전라도 식은 된장과 들깨즙을 넣어 걸쭉하게 끓이는 것이다. 서울 식은 곱창이나 사골을 삶은 국물에 갖은 채소와 고춧가루를 풀고 삶아놓은 미꾸라지를 통째로 넣어 끓인다. 진주 하씨 단계종가의 종부는 경상도 식으로 요리한다.

종부는 경상도 식으로 만드는 추어탕과 더불어 고택체험장에서 큰 인기를 끌고 있는 도토리묵장아찌도 함께 소개한다. 장아찌는 무엇보다 간장이 중요한데 종부가 고안해낸 '맛간장'이 눈길을 끈다.

추어탕

1 산 미꾸라지에 굵은 소금을 팍팍 쳐서 뚜껑을 덮어둔다. 소금기 때문에 날뛰는 미꾸라지가 서로 부대껴 거죽의 해감이 없어진다.

2 미꾸라지를 소쿠리에 담고 찬물에 깨끗이 헹군다.

3 솥에 미꾸라지와 물을 붓고 비린 맛을 없애주는 된장과 소주를 같이 넣어 한 시간 정도 약한 불에서 푹 끓인다.

4 푹 곤 미꾸라지를 체에 으깨 거른다. 체에 남은 큰 뼈는 버리고, 거른 것만 냄비에 담아 물을 부어 끓인다.

5 토란줄기, 얼갈이배추, 고사리, 대파를 적당한 크기로 잘라 조선간장과 마늘, 고춧가루로 간을 하고 양념이 잘 배게 버무린다.

6 국물이 끓으면 양념한 채소를 같이 넣고 팔팔 끓인다.

7 채소가 다 익으면 풋고추와 홍고추를 썰어 넣고 소금이나 진간장으로 간을 한다.

8 대접에 국을 나눠 담고 식성에 따라 초피가루를 뿌린다. 초피 대신 방아잎을 다져 넣거나 후추를 넣어도 좋다.

● 미꾸라지의 영양학

미꾸라지는 속을 따뜻하게 하고 원기회복에 효과가 뛰어나며 숙취와 정력 강화에 효능이 있다. 위장에 무리를 주지 않고 소화가 빨라 위장질환이 있는 사람이 먹기에 좋다.

도토리묵장아찌

1 조선간장과 진간장을 섞고 북어대가리, 다시마, 대추, 감초, 소주, 물엿, 그리고 구아바잎을 넣어 '맛간장'을 끓인다.

종부의 요리 TIP

"맛간장을 만들 때 제일 신경 쓰는 게 짜지 않게 하는 겁니다. 그래서 다양한 재료로 깊은 맛을 내는데 이때 제일 중요한 게 구아바잎이에요. 구아바잎이 천연방부제 역할을 하거든요. 오래 되어도 음식이 상하지 않고 맛도 아주 좋아집니다."

2 맛간장이 끓으면 배를 넣고 다시 끓인다.

3 도토리묵에 맛간장을 부어 2주에서 한 달간 재우면 탱글탱글하고 짭조름한 도토리묵장아찌가 완성된다.

깻잎장아찌

당귀장아찌

민들레뿌리장아찌

처음 시집왔을 때 종부는 설거지도 못했다. 집안 어르신들은 종부에게 설거지도 시키지 않았고, 요리할 때도 크게 거들지 못하게 했다. 눈썰미가 좋은 종부는 그렇게 집안 '아지매'들이 요리하는 법을 봐 뒀다가 혼자 요리하기 시작했고, 경상도의 가장 일반적인 손맛을 갖게 되자 거기에 자신만의 아이디어를 더했다. 농구처럼 무언가에 몰두할 것을 찾던 종부의 레이더에 딱 걸린 것이 바로 장아찌였다.

"아버님을 비롯해서 남편도 장아찌 반찬을 참 좋아했습니다. 그래서 즐겨 만들다 보니 저만의 방식이 보태져서 새로운 장아찌가 탄생한 거죠. 모든 재료는 장아찌가 된다고 보면 됩니다."

얼큰한 추어탕과 밥도둑 장아찌로 종손과 종부는 가을 보양을 끝낸다. 미꾸라지의 힘찬 기운과 매끼마다 달리 오르는 장아찌가 입맛을 돋운다. 당귀장아찌, 곰취장아찌, 참죽장아찌, 깻잎장아찌, 민들레뿌리장아찌, 김장아찌, 참외장아찌 등 수십 가지의 장아찌가 종부의 냉장고를 가득 채우고 있다. 별다른 내림음식이 없어 요리의 맥이 끊겼던 단계종가에 종부의 장아찌가 내림음식으로 명성을 더할지도 모를 일이다.

❖ **진주 하씨 단계종가** (숙박 가능)

경북 안동시 서후면 교리새마을길 73 | 054-852-0650

의성 김씨
지촌종가

:: 건진국수

350년 종택을 예술촌으로

의성 김씨 지촌종가를 찾는 길은 안동 시내에서도 거의 자동차로 한 시간, 구불구불한 산길을 굽이돈다. 그러나 물안개가 피어오르는 거대한 임하호臨河湖를 연못 삼은 그림 같은 종택을 마주하게 되면 먼 길을 찾아온 고됨은 금세 사라진다. 외딴 산 속에 오도카니 종택이 자리 잡게 된 이유는 따로 있다. 지금의 임하호 자리가 원래 지촌종택과 일가가 있던 자리다.

"임하호 물속에 지례마을이라고 제가 살던 동네가 있었어요. 지례마을에 물이 다 들어찬 거지요. 지금은 우리 집만 따로 있지만 예전에는 일가친척들이 30가구쯤 모여 저기서 살았어요. 그런데 종택 자리에다 댐을 지을 수밖에 없다는 거예요. 어쩔 수 있나요? 일가들이야 굳이 이 깊은 산중에 남을 이유가 없지만 종가와 종택은 또 다릅니다. 조상이 천년대계를 보고

임하호 속에 잠긴 원래의
지촌종택

정한 터라서 함부로 옮길 수 없지요. 일가 어른들을 비롯해 많은 분들과 상의한 끝에 300미터 정도 올라온 여기 뒷산 중턱으로 종택을 옮기게 되었습니다."

1663년(현종 4년)에 지은 350년 된 고택, 백 칸 넘는 규모를 자랑하는 아름답고 거대한 집을 옮기는 일은 어쩌면 한 문중의 긴 발자취를 들었다 놓는 일이었다. 종택을 옮기는 데는 꼬박 4년이 걸렸다. 주춧돌, 서까래, 기왓장 하나까지 빼놓지 않고 해체해서 전부 고스란히 옮겨 복원하는 대공사였다. 그나마 정부의 임하댐 계획이 발표되자 종택이 경북 문화재자료 제44호로 지정받은 덕분에 경비를 지원 받아 가능한 일이었다.

산 좋고 물 좋은 곳에 새 둥지를 틀게 된 지촌종택은 한국 최초의 예술창작마을 '지례예술촌'으로 탈바꿈하였고, 연 평균 만 명이 넘는 이들이 찾는 안동의 명소가 되었다.

의성 김씨 지촌종가 종택

"자식들도 다 외지에 있고 식구라고 해봐야 우리 내외밖에 없는데, 이 큰 집을 어떻게 관리할까 걱정이었습니다. 그냥 두면 금방 퇴락할 것 같고 일반인들에게 무작정 개방하자니 우리 고택이 금세 훼손될까 봐 저어했지요. 고민 끝에 창작예술촌으로 변신시켰습니다."

지례예술촌에서 '촌장'으로 불리는 의성 김씨 지촌종가 13대 종손 김원길 씨는 안동 지역의 옛이야기를 엮은 《안동의 해학》과 시집을 펴낸 시인이다. 안동대학교 교수직까지 버리며 택한 촌장의 길이다. 종가를 찾아오는 손님들이 이곳에서 편히 쉬다 영감을 얻었다거나, 한국의 종가를 다시 보게 됐다고 말해주는 것이 가장 큰 기쁨이고 낙이라고 한다. 그동안 이곳에서 구름처럼 바람처럼 머물다 간 명사들도 여럿이다. 이어령, 이문열, 유안진, 조병화, 구상, 홍신자 등의 예술가들을 포함해 KBS 예능 프로그램 『1박 2일』 촬영까지 했으니 안동을 대표하는 명소라고 해도 과언이 아니다.

문장이 있는 종가

지례의 입향조가 되는 지촌 김방걸芝村 金邦杰, 1623~1695은 조선 숙종 때 대사성을 지낸 인물이다. 지촌이 외진 지례마을에 터를 내리게 된 데는 아버지 김시온金是榲의 영향이 컸다. 김시온은 도연명을 연모해 스스로를 숭정처사崇禎處士라 칭하고 평생 독서하며 제자를 길렀다. 아들 지촌은 일찍이 문과에 급제해 1689년에 대사간이 되었으나, 그해 인현왕후가 폐위되자 왕의 과오를 사전에 방지하지 못한 데 책임을 통감하며 낙향한 뒤 이곳에서 은둔하며 문장에 몰두했다. 이후 지례마을에서는 아무도 벼슬에 나가지 않았지만 정와 김대진, 난곡 김강한 같은 학자를 비롯해 문집을 낸 이가 10여 명에 이르니 현재 종손의 문장력 역시 이와 무관하지는 않을 것이다. 종손이 쓴 시 중 아내에게 바치는 시 한 편을 소개한다.

아내

나는 만약 다시 태어나면 여자가 되어야겠다고 하니

아내는 남자가 되겠단다

나는 여자로 태어나 시중을 좀 더 잘 들겠다고 하니

아내는 남자로 태어나 나를 들볶고 구박해 보았으면 원이 없겠단다

남편은 종부로 살며 고생하는 아내의 고됨을 이렇게 재밌는 시로 표현했다. 수수한 한복에 화장기 없는 얼굴, 종부 이순희 씨는 종손의 넉살이 싫

지 않은 눈치다. 교직 생활을 하다 중매로 만난 종손이지만 시를 쓰는 따뜻한 마음씨에 반했다고 한다. 그 첫 마음이 여태껏 이어지고 있는지 다음 세상에서는 서로 역할을 바꿔 또 부부의 연을 맺겠다니, 세 쌍 중 한 쌍이 이혼하는 요즘 시대에 보기 드문 부부애를 보여주는 듯하다.

가는 면발로 요리 솜씨를 뽐내다

지례예술촌 종부는 귀한 손님이 오시면 '건진국수'를 대접한다. 예부터 경북 안동에서는 귀한 손님이 오시면 건진국수를 상에 올렸다. 이름이 독특한데, 국수를 삶아 찬물에 재빨리 헹군 다음 '건지기' 때문에 붙여졌다고 한다. 지금은 서울이나 전국 각지에서 안동의 대표 요리로 사랑받고 있다. 종부의 건진국수는 마치 기계로 뽑은 듯 가는 면발로도 유명하다.

"건진국수는 면이 생명입니다. 얼마나 면을 가늘게 써느냐에 따라 맛도 달라지지만 무엇보다 이게 아녀자의 솜씨 자랑이거든요. 면을 실처럼 얇게 만드는 것에 아녀자들의 자존심이 달려 있습니다."

면발에 있어서는 자존심을 단단히 세우는 종부가 선보이는 또 다른 요리는 육말이다. 앞서 충정종가에서도 소개한 바 있는 육말은 안동을 중심으로 경상도 지역의 사대부에서 즐기던 반찬인데, 한여름 더위로 잃어버린 입맛을 되돌리는 데 제격이다. 또한 부족한 단백질 보충에도 안성맞춤이라 할 수 있다. 충정종가의 육말은 고추장 양념이고 이 댁에서는 간장으로 맛을 낸다. 건진국수와 육말이 함께 놓이면 상당히 격조 높은 상차림이 되고,

다른 음식들과도 잘 어울린다.

건진국수

1 밀가루와 콩가루를 4:1의 비율로 잘 섞어서 소금물로 반죽하여 면을 만든다.

2 반죽을 안반(떡을 치낼 때 쓰는 두껍고 넓은 나무판)에 올려 홍두깨로 밀어 종잇장처럼 얇게 민다.

3 얇게 펴진 반죽을 달걀말이처럼 겹치게 만 뒤, 실처럼 가늘게 썬다.

4 면이 완성되면 뜨거운 물에 잠깐 삶아 재빨리 건져내 찬물에 행구고, 물기를 꼭 짠다.

5 장국으로는 멸치 육수를 우려 소금 간만 살짝 한다.

6 달걀을 흰자, 노른자 분리하여 지단을 부쳐 채 썬다.

7 채 썬 호박과 다진 쇠고기를 각각 볶아 준비한다.

8 마른 김은 가위로 얇게 잘라 준비한다.

9 국수에 장국을 붓고 다진 파, 다진 마늘, 소금, 후추 등으로 간단히 간을 한다.

10 준비한 고명을 국수 위에 빙 둘러 얹는다.

육말

1 쇠고기를 잘게 다진다.

2 쇠고기에 진간장, 다진 마늘, 참기름, 꿀을 넣고 버무린다.

3 중간 불에 타지 않게 볶은 뒤 고기가 익으면 다진 파와 잣가루를 넣고 섞는다.

지례예술촌에서는 국수 하나도 예술작품이 된다. 눈길을 사로잡는 색색의 고명과 가는 면발, 맑은 국물이 어우러진 건진국수 한 그릇이면 몸과 마음이 든든해진다.

"집사람이 시집와서부터 국수가 더 모양이 납니다. 이렇게 면을 가늘게 하는 것은 처가 쪽에서 온 거거든요. 처조모가 이렇게 하셨다고 합니다."

종손은 아내에 대한 칭찬을 아끼지 않는다. 모양도 곱지만 맛도 훌륭하다. 프랑스 대사 부부가 지례종가를 방문해 종부의 건진국수를 대접받고는 이 맛에 반해 부부를 대사관으로 초청해 답례하기도 했다. 국수 한 그릇이 문화사절단 노릇을 톡톡히 한 것이다.

시간도 더디 가고 세월도 비켜간다는 안동 그리고 지례예술촌. 반가의 자존심을 잇는 종부의 손맛까지 제대로 볼 수 있는 이곳에서는 상념이 시가 되고 모든 말들이 노래가 된다.

❖ 의성 김씨 지촌종가

경북 안동시 임동면 지례예술촌길 390 | 054-852-1913 | 054-822-2590

〈지례예술촌〉 홈페이지 http://www.chirye.com

파평 윤씨
명재종가

:: 떡전골

불러도 나아가지 않은 징사, 백의정승 윤증

인조 대에 태어나 효종과 현종, 숙종을 포함해 4대 임금을 모시면서, 단한 번도 임금의 얼굴을 뵌 적도 없이 높은 명망으로 정승의 반열에 오른 인물이 있다. 바로 명재 윤증明齋 尹拯, 1629~1714이다.

일찍이 과거와 벼슬을 포기했지만 윤증의 일생은 징소微召*와 사직의 연속이었다 할 수 있다. 85세의 노령으로 별세할 때까지 공조좌랑, 사헌부지평, 세자시강원 진선, 사헌부장령, 집의, 호조참의, 대사헌, 이조참판, 우참판, 이조판서, 우의정 등 수없이 많은 관직에 올랐지만 그때마다 왕의 부름에 응하지 않았다. 우의정을 사양하는 상소를 쓴 것은 무려 열여덟 번, 우의

* 벼슬을 권유하면서 부름

정 자리까지 마다하는 그를 보고 백성들은 '백의정승'이라 부르며 존경했다.

박세채가 출사를 권할 때 윤증은 세 가지 전제조건이 충족되지 않을 때는 벼슬에 임할 수 없다는 이른바 '3대 불가 명분론'을 내세웠다. 그 내용인즉슨 '첫째, 서인과 남인의 원한이 해소되지 않으면 안 되고 둘째, 왕실이 외척을 배척하지 않으면 안 되며 셋째, 당에 순종하는 자만 등용하는 풍토가 바뀌지 않으면 안 되는데, 지금은 때가 아니다'라는 것. 경신환국庚申換局* 으로 뿌리 깊은 원한을 갖고 있던 경상도의 영남학파, 즉 남인을 달래고 해묵은 지역감정을 타파하지 않으면 관직에 나아갈 수 없다는 그의 명분론은 확고했다. 윤증이 관직을 고사하던 때는 조선 500년 동안 정치적으로 가장 혼란스러웠던 시기였다. 이미 퇴계를 비롯한 영남학파는 남인으로, 율곡을 필두로 한 기호학파는 서인으로 갈라져 있었고 다시 서인은 노론과 소론으로 나뉘었으니, 그야말로 사색당파四色黨派가 엎치락뒤치락 했다고 할 수 있다. 윤증이 노론과 소론의 분기점에 있었던 만큼 조선 후기의 정치사에서 이만큼 중요한 위치를 차지하는 이는 드물다.

명재 윤증은 아버지 윤선거의 벗이자 노론의 수장인 우암 송시열을 스승으로 모셨다. 1673년, 아버지가 돌아가시자 윤증은 부친의 묘갈명墓碣銘을 써 달라고 송시열에게 부탁했는데, 송시열이 보낸 묘갈명은 참으로 형식적이었다. 당황한 윤증이 거듭 개정을 부탁했지만 진전이 없자 둘의 관계는 소원해졌다. 사실 생전의 윤선거는 송시열이 사문난적으로 규정한 윤

* 남인이 대거 실각하여 정권에서 물러난 사건

휴尹鑴, 1617~1680와 친분을 유지했었다. 그래서 윤증이 부친의 묘갈명을 송시열에게 부탁할 때도 지인들은 만류했다. 윤휴를 사이에 둔 윤선거와 송시열의 간극은 윤증이 생각했던 것보다 훨씬 컸다. 그러던 1680년, 경신환국으로 서인이 집권한다. 평소 주자학만 철저히 따르는 송시열과 양명학도 받아들이는 윤증의 학문적 견해차도 있었지만, 서인 집권 후 남인을 처리하는 방식에서 송시열과 윤증은 크게 이견을 보였다. 송시열이 대의에 따라 엄격한 처벌을 고수하는 반면, 윤증은 어느 정도 수렴하고 절충하는 대응을 따랐던 것이다. 이듬해, 윤증은 송시열에게 답답한 마음을 토로하고 충고하는 편지를 한 통 쓴다. 이 편지의 내용은《명재연보明齋年譜》에 잘 나와 있다.

"근년 이래로 가슴속 의심이 날로 커지기에 감히 한번 생각을 말씀드립니다. 살펴보건대, 문하의 기질은 강덕하지만 그 쓰임이 천리天理에 순수하지 못한 것이 있습니다. 그러므로 도리어 덕의 병통이 되니, 참으로 '사욕을 이기기 어려움'이라고 말할 만합니다. 사욕을 이기지 못하기 때문에 그 병통을 바로잡아 덕을 온전히 하지 못하니, 밖으로 드러나는 것은 모두 이 병통 때문입니다."

이 편지가 닿는 날에 서로 반목하게 될 것을 감지한 박세채의 만류로 편지를 차마 부치지는 않았는데, 3년 뒤 송시열의 손자 송순석이 박세채의 집에서 몰래 베껴 조부에게 갖다 주는 바람에 세상에 알려지게 되었다. 스승 송시열은 제자 윤증에게 화답했다.

"자네가 지적한 것 모두 나의 병통이지만 '의리와 사리를 아울러 행사하고 왕도와 패술을 함께 쓴다'는 대목은 나를 인정해 그 정도로 관대하게 말한 것을 알겠네. 편지를 읽은 뒤, 침으로 몸을 찌르는 것 같네. 마치 환자의 고질병이 악화되어 죽기 직전에 홀륭한 의원이 신단의 묘약을 처방해 살 길을 찾은 것 같네. 그 홀륭한 의원의 본심이 과연 환자를 아끼는 마음에서 나왔는지 모르겠지만 그 은혜는 어찌 한량이 있겠는가."

정국은 송시열의 편에 선 노론과 윤증의 편에 선 소론으로 극명하게 갈렸다. 이후 세자 책봉 문제로 서인이 실권하는 기사환국己巳換局이 일어나 송시열은 사약을 받아 죽었지만, 초야에 묻힌 윤증은 30년을 더 살았다. 서로 다른 생을 살다 간 스승과 제자다. 조정에서 내린 숱한 벼슬을 거부한 윤증은 85세로 죽기 직전 묘비명의 직함조차 징사徵士*라고만 쓰라고 당부한다. 이는 평생 동안 입은 징소의 은혜를 잊지 않겠다는 선비의 자존심이다.

백성들을 위해 양잠을 금하라

충남 논산시 노성면 교촌리, 선녀가 거문고를 타는 형세라는 옥녀탄금玉女彈琴의 명당에 윤증의 종택이 자리 잡고 있다. 집을 두른 나지막한 담 하나 없는 윤증 고택은 중후한 기품을 간직하고 있다. 명재 말년에, 둘째 아들 충

* 불러도 나아가지 않는 선비

파평 윤씨 명재종가 종택

교가 맏이 행교를 위해 지은 이 집에 명재는 가끔 들르는 정도였지만 자식과 제자들은 의기투합해 유학에다 미학, 실학까지 두루 반영한 집을 만들었다.

"1709년에 지은 집이지만 다른 집에 비해서는 굉장히 과학적이고 사람을 배려하는 독특한 구조가 많이 나타나 있습니다. 특히나 기운이 좋아서 그런지 대기업 총수나 이름 높은 인사들이 하루 묵어가기를 바라지요. 사랑채는 미리 예약하지 않으면 안 될 정도입니다."

사랑채 아랫목에서 뒷방으로 들어가는 샛장지문은 미닫이로도 쓸 수 있고 여닫이로도 쓸 수 있다. 2개의 방을 넓게 쓰고 싶을 때는 미닫이를 좌우로 밀어 연 다음 잡아당기면 문이 돌쩌귀에 고정되면서 네 짝을 열 수 있는데, 전통 한옥의 구조로는 매우 특이한 형태다. 또 사랑채로 오르는 계단 옆에는 네모난 돌에 글씨가 음각된 해시계가 있다. 천문학에 밝았던 명재의 9대손은 제삿날도 양력으로 바꿔 제사와 설 차례도 양력으로 지내고, 기제사를 모시는 시간도 한밤중이 아니라 저녁이라고 한다. 명분을 중시하는 유학자 집으로서는 파격적인 행보라 할 수 있다.

사랑채 마루는 높이 올려 확 트인 전망을 감상할 수 있도록 했는데 창의 비율이 가히 16:9, 거의 황금비율이라 할 수 있다. 우리 조상들은 이미 300년 전에 파노라마 형식의 와이드 뷰를 관망했음이다. 높은 누마루 아래에는 금강산을 그대로 옮겨놓은 석가산이 한 폭의 산수화처럼 운치를 더한다. 사랑채 옆에 걸린 편액에는 '桃源人家(도원인가)'라고 쓰여 있다. '신선이 사는 무릉도원'이라는 뜻이니 절묘하게 들어맞는다.

집은 도원인가지만 명재는 고향에서 신선 같은 삶을 살지는 않았다. 문중이 세운 종학당宗學堂에서 후학 양성에 힘을 쏟았다. 종학당은 파평 윤씨 노종파가 운영하는 교육기관으로 지금으로 치면 사립학교 정도로 볼 수 있다. 이 종학당에 입학하면 중·고등학교 교육은 물론 대학까지 모두 마칠 수 있었는데, 한일강제합병으로 문을 닫을 때까지 배출한 문과 급제자는 무려 42명이다. 그것도 오롯이 윤씨만 따졌을 때의 수치이니 종학당이야말로 조선 후기 최고의 명문 교육기관이었다 할 수 있다.

파평 윤씨 노종파 가문은 꼭 집안사람이 아니라 하더라도 배움에 뜻이 있는 이들은 종학당에서 공부를 할 수 있도록 배려했고, 공부뿐만 아니라 부의 재분배를 위해 다양한 방법을 모색했다. 의전義田*을 마련해 생활고를 겪는 주민들이나, 초상이나 출산 등 대소사를 겪는 이웃들을 위해 썼다. 또 매년 200석의 쌀을 비축해 수해나 가뭄 때 빈민을 구휼하는 의창義倉제도

* 의로운 일에 쓰기 위해 집마다 일정량 내놓는 전답

'신선이 사는 무릉도원'이라는 뜻의 '도원인가' 편액

까지 실시했으니 일대에서 파평 윤씨의 덕망은 말할 것이 없었다. 윤증은
이에 한 술 더 떴다. 요즘으로 따지자면 부가가치가 높은 양잠을 집안사람
들에게는 금한 것이다.

> "우리 가문이 선대로 남에게 원망을 듣지 않은 것은 남의 일을 방해하지 않
> 았기 때문이다. 자손들도 마땅히 삼가 지켜야 할 일이다. (……) 중종과 더
> 불어 약속을 하고자 하는데, 지금부터 뽕나무를 심지 않은 집은 양잠을 하
> 지 말 것이다. 그래야 훔치는 일을 않을 것이며 동네 사람들의 원망을 끊을
> 수 있을 것이다. 양잠을 않으면 향민들의 원망도 그칠 것이니 각자 조심하
> 고 가법을 잃지 않도록 하여라."
> – 《명재언행록》 중

동양학자 조용헌 교수는 윤증의 집안이 이토록이나 대접을 받는 이유가
실리와 덕으로 주변을 보살핀 덕분이라고 말한다.

"당시 양잠이라고 하면 고소득 작물인데, 윤씨들마저 양잠을 하게 되면 다른 서민들은 무엇을 해서 먹고사느냐는 것이죠. 없는 사람들의 영역에는 절대로 발을 들여 놓으면 안 된다는 메시지입니다. 요새 대기업들이 빵집까지 차려서 골목 상권 장악하는 것과는 참 많이 다릅니다. 이런 명재종가이니 6·25 때 폭격도 피해 갈 수 있었던 겁니다. 공군 준장으로 예편한 박희동 장군이 고향 노성리와 명재고택에 폭격을 가하라는 미군의 명령에 불복종을 했는데, 명재 집안의 대를 이은 도덕성이 집을 구한 거라고 볼 수 있는 거죠."

일평생 소박한 삶을 살다간 명재는 초상화를 그리는 데 돈이 많이 든다고 해서 초상화조차 그리지 못하게 했다. 대학자이자 소론의 영수領袖인 인물이 초상화 한 점 남기려 들지 않자 후손과 제자들은 화사畫師 변량을 시켜 문틈으로 몰래 훔쳐보며 그림을 그리게 했다. 측면상을 겨우 얻어서야 그걸 바탕으로 당대 어용화사인 장경주가 상상해서 초상화를 완성할 수 있었다. 이후 명재의 초상화는 보물 제1495호로 지정되었다.

과학적 분석이 더해진 차원이 다른 장맛

백의정승으로 존경과 흠모를 받은 명재는 "제상에 떡을 올려 낭비하지 말 것이며, 일거리가 많은 화려한 유밀과며 기름이 들어가는 전도 올리지 말라"는 말씀을 남겼다. 합리적이면서 검소한 명재종가의 음식은 270년

묵은 씨간장에 달려 있다. 몇 해 전 지역 방송국에서 개최한 전국종가음식 품평회에서 1등을 차지한 '떡선'도 신년 손님상에 내는 음식으로 간장이 비결이었고, 설 차례상에 반드시 오른다는 '간장나박김치'도 소금 대신 간장을 써서 칼칼함을 더하는 별미 중의 별미다. 장이 맛있는 집이라고 소문내지 않아도 드넓은 마당을 가득 채운 800여 개의 장독이 장에 대한 자부심을 말해주고 있다.

"우리 집 간장은 오래전부터 항아리를 통해 전해진다고 '전독 간장'이라고 해요. 간장의 색깔은 이렇게 검고 진하지만 맛을 보면 단맛이 많이 납니다."

파평 윤씨 명재종가의 12대 종녀 윤경남 씨가 장독대로 안내한다. 아닌 게 아니라 간장을 혀끝으로 살짝 맛보면 입에서 "아, 달다!" 하는 감탄사가 절로 나온다.

명재종가의 간장이 전국적으로 명성을 얻은 데는 이유가 있다. 속이 검붉은 빛깔이 나는 잘 뜬 메주를 쓰고, 당진 소금밭에 가서 직접 천일염을 구입하고 물도 종가 마당의 우물물만 고집한다. 특히 만드는 방식에 있어서도 메주와 물의 비율을 1:1로 하여 소금물보다는 메주를 두 배 많이 쓰게 되니까 자연적으로 짠맛보다는 단맛이 많이 난다. 또 보통 장을 담근 지 40일이면 간장을 뜨는 데 비해 6개월 정도 지나 추석 무렵에야 간장을 뜬다. 이때 항아리를 열어보면 소금이 새카만 콩처럼 딱딱해져 있다.

장맛을 내는 장독의 중요성도 강조한다. 남쪽 지역일수록 가운데가 넓고 주둥이는 좁은 반면 북쪽으로 올라갈수록 햇볕을 많이 받기 위해 가운데와 주둥이의 넓이가 같은 원통형을 선호하는데, 한반도의 기후가 점점

명재종가의 장독대. 기후의 변화를 고려하여 장독 모양을 선택했다.

올라가서 요즘은 전라도 일대에서 사용하는 독을 사용한다. 안채의 대청마루 바라지창을 열면 장독대가 제단처럼 높은 곳에 옹기종기 모여 있는데, 그 모습이 마치 집을 굽어 살피는 다정한 신과 같은 느낌을 자아낸다.

"아녀자들이 외출하고 돌아오면 사흘 정도는 장독대 근처에도 못 갔어요. 어디를 다녀왔는지, 무엇을 하고 왔는지 일일이 확인할 수 없으니 부정탈까 봐 그런 것이지요. 어머니가 살아 계실 때는 간장을 담글 때마다 여자버선의 본을 그려 한지를 오려 붙이고는 그 위에 '꿀독'이라고 쓰곤 했습니다. 그 여인네들의 발길이 닿는 곳마다 꿀맛 같은 장맛이 나길 기원했던 것이지요. 우리 조상들이 예부터 독에다 버선본을 많이 붙인 데에는 굉장히 과학적인 근거가 있습니다. 한지가 빛을 많이 반사하니 지네 같은 벌레들이 꼬이지 않거든요."

차원이 다른 장맛에는 이와 같은 과학적인 분석과 고집이 들어 있다. 철두철미하게 관리한 간장으로 조리하는 명재종가의 특별한 손맛은 '떡전골'이다. 단맛이 나는 간장에다 쇠고기와 떡이 어우러졌으니 맛에 대해서는 걱정할 필요가 없다. 명재 어른께도 자주 올리지는 못하고 귀한 손님이 오시면 내갔다는 고급 요리라고 하니 더욱 기대가 된다.

떡전골

1 쇠고기 갈비뼈를 5~6시간 끓여 육수를 먼저 준비한다.

2 조금 딱딱한 가래떡을 준비해 3~4cm의 크기로 자른 뒤 4등분 한다.

3 쇠고기를 준비해서 다진다.

4 다진 쇠고기에 간장, 다진 마늘, 다진 파를 넣고 버무린다. 이때 간장은 한꺼번에 많이 넣지 않고, 수시로 간을 더해서 맛을 조절한다.

종부의 요리 TIP

"고기 특유의 누린내를 없애기 위해 후추 같은 강한 향신료를 많이 쓰는데 저희 집은 간장 하나로 다 해결합니다. 간장이 간도 맞춰주고 향신료 역할도 해주는 셈이지요."

5 간장에 물을 부어 간장 육수를 만든 뒤 떡과 다진 고기를 간장 육수에 30분간 재워둔다.

6 냄비를 달군 뒤, 끓여뒀던 육수를 다시 한 번 팔팔 끓인 다음에 떡과 쇠고기를 넣는다. 떡과 쇠고기를 처음부터 육수와 같이 삶으면 떡이 물러지고 풀어진다.

7 떡과 쇠고기를 자작하게 끓이면서 마지막으로 은행을 넣어 익힌다.

8 달걀은 흰자와 노른자를 분리하여 지단을 부쳐 채 썰고, 석이버섯도 잘게 썰어 잣과 함께 고명으로 올린다.

떡전골은 쇠고기의 우아한 풍미와 쫄깃한 떡의 식감이 어우러진 든든한 한 끼 영양식이다. 시원하고 칼칼한 간장나박김치까지 더해진 상차림이 소박하면서도 은근히 멋스럽다. 명재를 비롯한 학자들이 즐기기에도 좋은 식단이었으리라 여겨진다.

화려하지 않으면서도 기품이 느껴지는 맛, 파평 윤씨 명재종가의 떡전골의 명성을 확인하는 달콤한 순간이다.

❖ **파평 윤씨 명재종가** (숙박 및 전통 체험 가능)
충남 논산시 노성면 노성산성길 50 | 041-735-1215
http://www.myeongjae.com

전주 이씨
오리종가

:: 양파호박죽

박물관장이 된 종부

서울에서 멀지 않은 도심 한가운데에 종가가 있는 것도 반가운데 이 종택을 정비해서 종가박물관으로 운영하는 곳이 있어 더욱 반갑다. 전주 이씨 오리 이원익梧里 李元翼, 1547~1634 종가가 그러하다. 조선시대를 대표하는 청백리淸白吏*, 오리 선생을 기리고 종가를 보존하겠다는 일념으로 지난 2003년에 개관한 충현박물관의 관장은, 놀랍게도 종손이 아닌 종부이다. 오리종가 13대 종부 함금자 씨는 종부보다 이제 박물관장이라는 직함이 더 잘 어울린다.

* 관직 수행 능력과 청렴·근검·도덕·경효·인의 등의 덕목을 겸비한 조선시대의 이상적인 관료상. 조선을 통틀어 총 217명의 청백리가 배출됐는데, 대표적 인물로 맹사성, 황희, 이황, 김장생, 이항복 등이 있다.

"우리 아내 같은 사람이 없습니다. 고택을 어떻게 할까 고민할 때도 조상들이 물려준 것을 우리 대에 없애버리는 일을 하면 안 된다고 강조했지요."

10년 전, 연세대 의대 세브란스 병원 소아과 교수였던 종손은 정년퇴임을 앞두고 아내와 같이 종가를 박물관으로 개관했다.《조선왕조실록》을 공부하고 김홍남 전 국립중앙박물관장을 만나 조언도 구했다. 또 자기보다는 종가의 살림살이에 밝은 아내가 관장으로 제격이라 생각했다. 종부는 흔쾌히 받아들였다. 대학교 때 만나 결혼한 지 50년이 다 되어가는 두 사람은 생각이 척척 맞았다. 연세대 의과대학 학생이었던 남자와 연세대 간호학과 학생이었던 여자의 만남, 종부는 결혼 결정이 쉽지는 않았다고 고백한다.

"원래는 일하는 여성으로 살고 싶었어요. 그래서 공부를 열심히 했지요. 하지만 결혼하고서부터는 내 일을 가질 수 없는 노릇이었습니다. 게다가 저희 집에서 반대가 심했어요. 종가의 종손인데다 남편이 4대 독자였거든요. 저는 잘 몰랐지만 친정어머니께서는 종부의 삶이 녹록치 않다는 것을 아셨기 때문에 반대했을 거예요. 그런데 반대하면 할수록 종손이 더 과감해졌습니다."

세월이 흘러 이렇게 웃으며 말하지만 당시 종부가 얼마나 많은 고민을 했을지 짐작이 간다. 종손의 학교가 서울 신촌, 고택이 위치한 곳은 경기도 광명시. 지금에야 차로 한 시간도 안 걸리는 거리지만 그때만 해도 출퇴근을 할 거리가 아니어서 종부만 종택에 내려와서 살고 종손은 따로 학교를 다녔다. 인턴을 하면서부터는 내려오지 않은 적도 많았다. 신혼의 단꿈을 꾸던 어린 신부는 어쩌면 신랑과 따로 산 덕분에 4년간 종가 살림에 대해

오리 이원익 선생의 여러 유물과 자료를 전시해 놓은 충현관

착실히 배워나갈 수 있었을 것이다.

당시 다락방에 쌓여 있던 책과 문서를 발견하고는 내용은 몰랐어도 조상 대대로 내려오는 귀한 물건일 것이라는 생각에 커다란 주머니를 만들어 별도로 보관하며 이사를 다닐 때도 주머니부터 챙길 정도로 정성을 다했다. 그것이 이원익 선생의 친필 문집, 왕에게 받은 교지 등으로 국가적으로도 귀중한 문화유산이라는 것은 나중에야 알았다.

"일대에 개발 바람이 불면서 종택과 사택을 둘러싼 종중 간의 재산분쟁이 생겼어요. 분쟁은 8년이나 계속됐는데, 그동안 남편이 오리 어른의 문집, 유서 등을 들고 학자들을 찾아다니며 그분의 삶을 연구하기 시작했지요. 평생을 검소하게 사시면서 왕과 백성의 두터운 신망을 얻은 자랑스러운 조상이라는 사실을 그 과정에서 알게 되었습니다."

애초 부부가 노년을 보낼 목적으로 지은 종택 옆 한옥은 아예 유물전시관으로 용도를 바꾸었다. 박물관으로 정식 등록한 것은 2003년, 박물관 이름인 '충현忠賢'은 이원익 선생의 높은 학식을 기려 숙종 2년에 건립된 사액서원賜額書院*인 '충현서원'에서 따왔다.

일하는 여성으로 살고 싶었던 어릴 적 소망은 뒤늦게 꽃이 폈다. 종부는 박물관을 더 잘 운영하기 위해 전국의 종가와 교류하고 해외의 경우를 조사하기도 했다. 68세라는 적지 않은 나이로 숙명여대 대학원까지 들어가 〈종가박물관의 역할에 관한 연구〉라는 논문을 쓰기도 했다.

* 임금이 이름을 지어서 새긴 편액을 내린 서원

2008년에는 오리 선생의 유산을 잘 관리한 공로로 '대한민국문화유산상'까지 받은 데다 이듬해에는 사단법인 한국사립박물관협회 선임회장에 선임되기도 했으니 꿈을 제대로 이룬 셈이다.

살아서도 검소 죽어서도 검소

충현박물관에는 오리의 영정을 모신 '오리 이원익영우'와 인조가 지어준 집인 '관감당觀感堂', 1676년 숙종이 편액을 내린 '충현사원지' 등 경기도의 지정문화재가 여럿 있다. '충현관'이라 이름 지은 전시관에는 오리와 관련된 여러 유물과 자료, 그리고 종가의 민속 생활품까지 전시됐다.

인조가 관감당을 지어준 일화는 유명하다. 노쇠한 오리 이원익이 퇴관하고 은거하자 인조가 승지를 보내 안부를 물어오게 했다. 승지가 돌아와 "초가집이 소조蕭條하여 비바람을 가릴 수 없었다"고 아뢰자 인조가 감동하여 이런 명을 내렸다.

"40년 동안 정승을 지낸 자가 단지 몇 칸의 초가집이라니, 만약 모든 벼슬아치들이 이와 같다면 어찌 백성의 빈곤을 근심하겠는가. 본도에 명령하여 정당正堂을 지어 주도록 하여라. 이는 백성들로 하여금 눈으로 보고 감동하는 곳으로 삼으려 함이니라."

이리하여 '관감당'이라는 아름다운 당호가 탄생하게 되었다고 한다. 1547년에 태어나 87세로 장수한 이원익은 조선 중기를 대표하는 명신으로 임진왜란과 인조반정, 정묘호란 같은 조선 중기의 대표적인 사건을 모두 관통했다. 그 파란만장한 사건들 속에서 중심을 잃지 않고 경륜과 원칙을 앞세운 인물이 바로 이원익이다.

이원익은 어려서부터 글을 한 번만 봐도 바로 외우고, 바깥에서 사람들을 만나는 것을 좋아하지 않아 주로 방에서 책을 읽었다. 그러면서도 홀로 거문고를 타며 노래하기를 즐겼다니 호방한 기품을 가졌다고 할 수 있다. 이원익의 실무적 경륜이 본격적으로 드러난 것은 1587년(선조 20년) 황해도 안주 목사로 임명되면서부터다. 당시 안주는 버린 땅이라고 할 정도였고, 모든 이들이 기피하는 지역 중 한 군데였다. 임금의 부름을 받은 이튿날, 이원익이 홀로 안주 땅을 둘러보다가 굶어죽은 주검이 들판에 가득한 것을 보고 곧장 관아로 달려갔다. 각 고을에서 1만여 섬의 곡물을 빌려 굶주린 백성을 먹이고 배를 보내 밤낮으로 물을 날라 가니, 정사를 보살핀 지 두 달 만에 더불어 살 만한 땅으로 바뀌었다고 전한다. 덕분에 빌린 1만여 섬의 곡식을 갚고도 창고가 가득 찰 정도로 풍작을 이뤘고 양잠을 확산시켜 주민들의 살림을 풍요롭게 만들었다. 이때부터 이미 사람들은 그를 양잠 정승, 이공상李公桑이라고 불렀다.

임진왜란이 일어나면서부터 그는 선조를 모시고 격동의 시기를 견뎌내며 영의정에 제수되었다. 이후 1608년에 광해군이 즉위했고, 광해는 전대의 영의정 이원익을 자신의 첫 영의정으로 임명하였다. 이미 거대한 전란을 경험한 광해와 이원익은 대동법의 모체가 되는 대공수미법代貢收米法을 경기도에 시범적으로 시행했다. 백성들의 부담을 줄이기 위해 공납을 쌀로 걷는 대공수미법은 안주 목사로서 실리 실무에 뛰어났던 이원익의 강력한 주장으로 시작될 수 있었다.

그는 원칙을 고수함에 있어 수그림이 없었다. 광해군이 형 임해군을 처형하려고 하자 이원익은 스물세 차례나 사직하고 윤허를 받아 낙향했으나 2년 뒤 광해는 다시 그를 영의정으로 불렀다. 인목대비를 폐출하려는 움직임에 폐모론을 강력하게 반대하다 홍천으로 유배되기도 했다.

1623년(인조 1년)에 인조반정이 일어나 하루아침에 왕이 바뀌게 되는데, 인조 역시 그의 첫 재상으로 이원익을 부른다. 76세의 노구를 이끌고 왕께 나아간 이원익은 인조반정 뒤 광해군을 사사해야 한다는 주장이 일었을 때 자신이 모셨던 주상을 사사한다면 자신도 떠날 수밖에 없다고 하며 광해의 목숨을 지켰다.

마지막 역경으로 정묘호란까지 겪으며 선조, 광해, 인조까지 무려 세 분의 임금을 모신 오리 이원익. 굴곡진 한 생을 살았지만 깊은 통찰력과 실무적인 식견, 그리고 강직한 원칙으로 오리만큼 백성들의 신망이 두터운 이도 드물었다. 키가 작아 '키 작은 재상'으로 불린 이원익은 살아서 청렴한 것은 물론, 풍수설에 구애받지 말고 차례로 묘소를 쓰라고 유언할 정도로 죽어서도 검소한 면모를 보였다.

"이원익은 사람됨이 강직하고 몸가짐이 깨끗했다. 여러 고을의 수령을 역임했는데 치적이 가장 훌륭하다고 일컬어졌다. (……) 그는 늙어서 직무를 맡을 수 없게 되자 바로 치사하고 금천으로 돌아갔다. 비바람도 가리지 못하는 몇 칸의 초가집에 살면서 떨어진 갓에 베옷을 입고 쓸쓸히 혼자 지냈으므로 보는 이들이 그가 재상인 줄 알지 못했다."

– 《인조실록》 29권 〈인조 12년 1월 29일〉

금슬이 낳은 요리

살아서도 검소, 죽어서도 검소했던 청백리의 후손답게 오리종가의 별미는 소박한 호박죽이다.

"결혼하고 내려오니 제일 어려운 것이 요리하는 것과 처신이었습니다. 당시만 해도 대학을 졸업한 여자가 흔치 않을 때라 괜히 배운 것 티 낸다고 할까 봐 언행에 조심 또 조심했습니다. 다행히 요리는 손맛이 뛰어난 대고모님이 계셔서 그분께 집안 음식을 제대로 배울 수 있었지요. 고추장, 된장을 직접 담그고 콩나물이나 두부도 직접 만들었어요."

대고모님께 배워 10여 년이 지난 지금까지 아침 식사 대용으로 즐겨 먹는 호박죽은 엄밀히 말하자면 배울 때 그대로의 조리법으로 요리하는 것은 아니다. 호박에 콩과 팥, 밀가루를 넣고 끓이는 호박죽이 싫증날까 봐 이것 저것 다른 것을 많이 넣어 보았는데, 이왕이면 몸에 좋은 것을 챙겨 넣다 보니 종부만의 호박죽이 탄생했다고 한다.

양파호박죽

1 늙은 호박을 듬성듬성 잘라 햇볕에 잘 말린다.

2 말린 호박을 물에 약간 불렸다가 프라이팬에 올리브유를 두르고, 호박과 양파를 같이 볶는다.

종부의 요리 TIP

"양파하고 호박이 의외로 잘 어울려요. 이렇게 볶는 게 귀찮을 수도 있지만 안 볶으면 호박 향이 너무 많이 나는 것 같아서 저는 호박과 양파를 같이 넣고 볶아요. 그러면 고소한 맛이 한층 강해집니다."

3 호박과 양파가 어느 정도 익으면 물을 붓고 끓인다.

4 호박과 양파가 푹 익으면 부드럽게 으깬다.

5 으깬 호박과 양파에 물에 불린 뒤 익힌 동부(흰 콩)와 밤을 넣어 믹서에 간다. 매번 익히기는 번거로우니 한꺼번에 며칠 먹을 양을 익혔다가 냉장고에 보관하면서 조리할 때 적당량을 꺼내 쓴다.

6 곱게 간 5를 다시 한 번 끓이는데 이때 익힌 동부와 찹쌀가루를 넣는다. 동부는 이미 익었으니 찹쌀가루가 익을 정도만 끓이면 된다. 바닥에 눋지 않도록 조금씩 저어준다.

7 마지막으로 우유를 부어 고소한 맛과 영양을 더한다.

하루도 거르지 않고 이 양파호박죽을 먹은 덕분에 부부는 고혈압이나 여러 가지 노인성 질환을 피할 수 있었다고 말한다. 종가 살림하랴 박물관 운영하랴 곱디고운 아내의 손이 거칠어졌다며 아내의 손을 만지던 종손의 눈시울이 이내 붉어진다. 그동안 만나온 종손들이 애정 표현에 인색했던 것과 다르게 오리종가는 부부 금슬이 남다르다. 박물관에는 소싯적 아내가 남편에게 보낸 양말까지 전시되어 있다.

"이 양말은 굉장히 중요한 겁니다. 아내가 손수 짠 거예요. 제가 이 양말을 받고 보니까, 이건 신을 게 아니라 훗날 내 며느리들이 오면 반드시 보여 줘야겠다 생각해서 잘 보관했지요. 이걸 어떻게 신겠습니까?"

남편을 위해 한 땀 한 땀 손수 양말을 짠 아내, 그리고 그 양말을 수십 년간 간직해 온 남편. 작은 양말 하나를 애정의 징표로 삼는 오리종가 부부의 오랜 믿음에 사뭇 숙연해진다.

❖ 전주 이씨 오리종가

경기도 광명시 오리로347번길 5-5 | 02-898-0505

〈충현박물관〉 홈페이지 http://www.chunghyeon.org

나주 나씨 반계종가

예안 이씨 참판댁

속초

포천

파주   강원도
  의정부
인천광역시   홍천

서울특별시   삼척

광명   광주   평창   광산 김씨 쌍벽당
  성남 용인   진성 이씨 대종가
수원   영월
  경기도   제천

         충청북도
             봉화
서산   아산 천안   영양
충청남도   진천 괴산
        청주   문경   의성 김씨 학봉종가
          대전광역시   안동   안동 장씨 칠계재
청양   청송
      논산   경상북도   청송 심씨 송소고택
서천

          김천 구미   영천   포항
          성주   경주
수원 백씨 학인당   전주
         전라북도   거창   대구광역시
               남원 함양   합천 창녕   울산광역시   풍산 류씨 피산종가
고창   담양   밀양
영광 장성   경상남도
   광주광역시 구례   진주 마산   부산광역시
     나주 화순
      전라남도 순천
          여수   흥양 이씨 장석종가

해남

겨울

수원 백씨
학인당

:: 한채와 생합작

맛의 고장 전주, 그리고 전주한옥마을

빼어난 맛과 멋이 공존하여 예술의 고장이라 불리는 전라도는 전주와 나주의 머리글자를 합하여 만든 합성 지명이다. 전라도를 대표하는 고장인 만큼 전주에는 전라도를 대표하는 요리가 많은데, 여러 요리를 한번에 맛볼 수 있는 전주한정식은 상다리가 부러지도록 반찬 수가 많아서 먹는 이들을 감동케 한다. 그러나 반찬의 가짓수로는 따라 잡을 수 없는 메인 요리의 감동은 따로 있다. 철에 따라 여러 가지 나물을 얹고 청포묵과 육회를 올리는 전주비빔밥이 그렇거니와, 속을 풀어주는 전주콩나물국밥과 그에 곁들이는 모주 역시 빼놓을 수 없다. 맛으로는 따를 지역이 없는 전주는 그 명성에 걸맞게 2012년 국내 최초로 유네스코 음식창의도시에 선정되는 쾌거를 거두었다.

전주가 '맛의 고장'으로 이름을 떨친 데는 지리적인 요건이 크다. '온전하다, 순수하다, 어우르다'는 뜻을 가진 우리말 '온'을 한자로 의역하면 완完, 또는 전全이 되는데 백제시대만 해도 전주를 완산이라 불렀고, 신라 경덕왕에 와서야 전주라 부르기 시작했다. 이 지역은 예로부터 음과 양의 기운이 많고 분지 지역이라 다른 곳에 비해 자연재해가 적었으며 기후가 좋았다. 특히 넓고 기름진 평야를 끼고 있어 쌀과 부식이 풍부했다. 또 바다가 인접한데다 웬만한 길이 다 전주로 통하고 있어 해산물을 비롯해 전라도 전역의 특산물이 집합될 만큼 재료들이 넉넉했다. 맛과 멋에 뛰어난 감식안을 지니고 있던 양반가와 아낙네들의 솜씨가 궁합을 이룬 덕분에 전주는 맛의 고장이라는 작위를 유지할 수 있었다.

전주가 한식 요리의 거점이 된 데는 연간 500만 명이 찾는 전주한옥마을의 공이 크다. 100년도 채 되지 않은 개량 한옥들이 자리를 잡게 된 데는 독특한 사연이 있다. 1905년, 을사늑약 이후 자본이 몰리는 전주에 일본인들이 대거 들어온 것은 당연했다. 일본인들은 처음에는 상인이나 천민들이 거주하던 서문(현 완산구 다가동) 근처에서 행상을 했지만 1934년까지 3차에 걸친 시구개정市區改正으로 점점 전주 최대의 상권을 차지하면서 다가동과 중앙동으로 진출하게 되었다. 이런 일본인들의 세력 확장에 대한 반발로 한국인들은 1930년대부터 교동과 풍남동 일대에 그들만의 한옥촌을 형성하기 시작했다. 이때 지은 한옥들은 일본식과 대조되고 화산동의 양풍 선교사촌, 교회당 등과 묘하게 어울렸는데 이렇게 조성된 곳이 지금의 전주한옥마을이다.

수원 백씨 종택 학인당

일제를 향한 저항의식이 깔린 전주한옥마을, 그중에서도 학인당學忍堂은 이곳을 대표하는 아름다운 고택이다.

판소리의 성지, 학인당

1700년 숙종 때 백시흥이 전주 최씨 부인을 맞이해 처가에 자리 잡으면서 수원 백씨는 전주의 유력 가문이 되었다. 학인당이 5대째까지 내려왔다니 종가 치고는 다소 역사가 짧은 편인데, 본디 양반가문이 아니라 장사를 해서 돈을 번 중인 계층이다. 일명 백부잣집으로 불리던 만석꾼 수원 백씨 집안이 조선 후기에 이름을 떨치게 된 데는 대원군과 고종, 그리고 백부자 가문의 인연 덕분이다.

대원군이 전국을 유랑하던 시절, 전주에 들렀을 때 인재 백낙중忍齋 白樂中, 1882~1930이 대원군을 극진하게 대접하면서 인연이 시작되었고, 대원군이 정권을 잡고 경복궁을 중건할 때도 백부자는 거액을 쾌척했다. 특히 고종은 백낙중의 아들 백남신에게 "남쪽에 믿을 이는 너밖에 없다"며 전주 진위대鎭衛隊*라는 버슬을 주었다고 한다.

경복궁 중건 기금 덕분에 백낙중은 조선 왕실로부터 공식적인 특혜 몇 가지를 받게 되었다. 그는 전라도 버슬아치의 모든 환송연을 열 수 있는 권한과 궁궐에 납품하는 몇 가지 품목의 독점권을 갖게 되었다. 그리고 중인이지만 양반 못지않은 큰 가옥을 지을 수 있게 되었는데, 신분을 초월하여 허락된 거대한 집이 바로 학인당이다.

백낙중이 맏아들이 태어난 것을 기념으로 지은 학인당은 궁중 건축 양식을 민간 주택에 도입한 전형적인 조선 말기 상류층 주택의 모습이었다. 이 집을 짓는 데에 일류 도편수와 목공을 비롯해 4,280명의 건축기술자가 동원되었고, 압록강 주변의 산들과 오대산 등지에서 베어온 목재가 들어갔으며 그 공사 비용에만 백미 4천 석이 들어갔다고 전해진다. 1905년에 시작해 1908년에야 집이 완성되었으니 공사 기간만 2년 6개월에 걸친 대공사였다. 아들은 아버지의 호 '인재忍齋'의 '인' 자를 따서 집을 학인당으로 명명했고, 이후 학인당은 질곡 많은 우리 근현대사의 한 부분을 껴안게 된다.

전주는 동학혁명의 영향으로 양반과 중인 계급의 신분 차별이 빨리 사라졌다. 덕분에 백부잣집을 비롯한 중인들이 고상한 취미를 가지거나 전통 공연을 감상할 수 있게 되었다. 임방울이나 박녹주 같은 당시 판소리 명창

* 1895년(고종 32년)에 지방의 질서 유지를 목적으로 설치된 지방 군대

들이 이 집에 머물며 공연을 했는데 여기에는 판소리에 맞게 특화된 이 집의 구조 또한 한몫했다.

본채의 천장은 7개의 들보를 사용한 칠량七樑으로 거의 2층에 가까운 높이였고, 대청마루의 전면과 후면에는 유리사분합문을 설치해 쉽게 들어 올릴 수 있게 했다. 또 대청과 좌우의 방은 공연 시 문틀을 제거할 수 있어 대청과 큰 방이 합쳐져 하나의 공간이 되기도 했다. 100명이 앉아 판소리를 관람할 수 있는 넉넉한 공간에, 천장이 높아 울림도 좋은 학인당은 이렇게 국악 공연장과 연회장으로 변신했다. 무엇보다 일제에 의해 중단되었던 '전주대사습놀이'를 보존하고 판소리의 명맥을 유지하는 데 큰 역할을 담당했으니 학인당은 종가 이전에 판소리의 성지라 불릴 만하다.

추운 겨울에 맞서는 차가운 별미

전북 민속문화재 제8호로 지정된 학인당은 100년이라는 세월이 믿기지 않을 만큼 반질반질 윤이 난다. 실질적으로 학인당을 이끌고 있는 4대 종부 서화순 씨는 한옥마을 중에서도 유일하게 학인당만 문화재로 지정되었다며 고택 사랑에 여념이 없다.

"궁중 양식을 민간 주택에 도입한 것이라 다른 종가와는 다른 부분이 많습니다. 이런 유리문도 보기 힘들지요. 해방 후에는 정부 요인들의 영빈관 역할을 톡톡히 했어요. 백범 김구와 해공 신익희 등 많은 애국지사들이 머물던 방입니다."

1949년 전주 방문 때 학인당에서 촬영한 빛바랜 김구 선생의 사진이 시선을 사로잡는다.

서화순 종부가 맛보여줄 학인당의 대표 내림 음식은 '한채'다. 추울 때 차갑게 해서 먹는 한채는 달고 아삭한 겨울 무가 주재료다. 무를 얼마나 얇게 채 써느냐가 관건인데 김장소로 쓰이는 무채와는 비교가 안 될 정도로 얇고 가늘게 썰어야 제맛이다. 한채와 궁합이 잘 맞는 학인당의 또 다른 내림음식은 '생합적'이다. 이 지역에서 '생합'이라 불리는 백합조개로 만드는 요리인데 손님들이 오시면 내어 가던 귀한 음식 중 하나이다.

한채

1 무는 김장소에 들어가는 무채보다 더 얇은 두께로 채를 썬다.

2 그릇에 무를 담고 천일염을 뿌려 무의 쓴맛을 없앤다.

종부의 요리 TIP

"저희 집에서는 항아리에 보관한 천일염을 주로 사용합니다. 항아리에 소금을 넣어 두면 간수가 빠져서 짠맛도 덜하고 감촉도 보슬보슬하지요. 음식 맛이 깔끔해지는 것은 물론입니다."

3 배, 밤, 마늘은 얇게 저미고, 생강은 채 썬다.

4 채 썬 무에 3의 재료를 전부 담고 양념을 한다. 무에 소금 간을 이미 했으니 설탕과 식초, 깨소금만 추가로 넣는다.

5 기호에 따라 소금 간을 더하고, 실고추와 잣을 고명으로 올린다.

● 무의 영양학

무는 위장병에 좋은 식품으로 양질의 수분과 다량의 비타민 C와 A 그리고 여러 효소 등이 들어 있다. 무로 만든 김치 국물에는 전분 소화효소인 '디아스타제'가 들어있어 떡이나 밥을 먹을 때 같이 먹으면 소화를 돕는다. '떡 줄 사람은 생각도 안 하는데 김칫국부터 마신다'는 속담에 나오는 김칫국은 무로 만든 동치미나 나박김치를 가리킨다. 또 알칼리성이 강한 무는 특히 생선 요리와 함께 먹으면 산성을 중화시키는 역할을 한다. 생선회에 곁들이는 무채와 무순, 생선조림에 무가 빠지지 않는 이유가 바로 이 때문이다.

생합적

1 조갯살을 따로 떼어 다진다. 생합 껍데기도 깨끗하게 씻어 둔다.

2 쇠고기, 말린 호박, 표고버섯, 다시마, 당근도 각각 다진다.

3 잘게 다진 1과 2를 한데 섞은 뒤 조선간장과 참기름, 깨소금, 후추로 간을 한다.

4 간을 한 재료들을 달달 볶아 소를 만든다. 볶을 때 재료들이 엉겨 붙도록 밀가루를 조금 넣는다.

5 생합 껍데기 안쪽에 밀가루를 묻혀 소를 가득 채워 넣는다.

6 소를 채운 생합에 달걀옷을 입힌 후 노릇노릇하게 지진다.

종부의 요리 TIP

"다진 재료들에 달걀을 입혀 지지면 동그랑땡처럼 흔한 전이 되지만, 커다란 생합 껍데기에 담아내면 단품요리가 됩니다. 보기에도 참 예쁘지요? 이런 작은 아이디어 하나로 흔한 음식이 고급요리가 되는 겁니다."

요즘 보기 드문 음식인 한채와 생합작이 함께 오르니 상의 품격이 달라진다. 그 옛날 수많은 예인과 인물들이 판소리 가락에 홀린 것처럼 학인당을 찾는 사람들을 미혹시키는 종부의 손맛이다.

❖ 수원 백씨 학인당 (숙박 가능)
전북 전주시 완산구 향교길 45 | 063-284-9929
http://from1908.kr

흥양 이씨
창석종가

::동지차례팥죽

동짓달 긴긴 밤

　동지冬至는 24절기의 스물두 번째 절기이자, 1년 중에서 밤이 가장 길어지는 날이다. 예부터 동지를 지나야 한 살 더 먹는다거나 동지팥죽을 먹어야 진짜 나이를 먹는다 해서 동지를 '아세亞歲' 혹은 '작은 설'이라 불렀다. 또 동지 때 호랑이가 교미한다고 해서 '호랑이 장가가는 날'이라 부르기도 하는데, 동지 때 부부가 잠자리를 하면 호랑이처럼 자식을 적게 낳는다 하여 잠자리를 꺼리기도 했다. 동짓날에 임을 그리며 기생 황진이가 읊었다는 시 「야지반夜之半」은 교과서에 실렸을 정도로 유명하다.

　　截取冬之夜半强　　동짓달 긴긴 밤을 한 허리 베어 내어
　　春風被裏屈幡藏　　춘풍 부는 날 이불 속에 서리서리 넣었다가

有燈無月朗來夕　　정든 임 오신 밤이면

曲曲鋪舒寸寸長　　굽이굽이 펴리라

상주에 가면 일평생 동짓달 긴긴 밤을 허리 베듯 애달프게 살아낸 이가 있다. 바로 흥양 이씨 창석공파 13대 종부 윤갑묵 씨다. 파평 윤씨 대운공파의 딸 부잣집에서 태어난 종부는 친정아버지 때문에 종가로 시집왔다.

"저희 친정아버지는 여자가 맏며느리가 되어 고생을 해야 한다고 늘 말씀하셨습니다. 딸 셋 있는 집의 둘째로 태어난 저를 비롯해 언니도 동생도 전부 맏며느리로 출가시켰지요. 저희 집에는 제사가 없었는데 딸이 종부가 되려면 제사 지내는 것도 알아야 한다며 칠촌의 제사를 일부러 모시고 와서 가르쳤으니 말 다했지요."

친정아버지는 종가로 시집가는 둘째 딸에게 들어도 못 들은 척, 알아도 모르는 척하라며 당부하고 또 당부했다. 다행히 고등학교 상업 교사로 있던 종손은 더없이 다정한 사람이었다. 신혼여행 전 남편에게 받은 편지는 종부의 보물이다.

사랑하는 아내에게,

취직 되는 날 당신한테 선물을 한 아름 안고 달려 갈 테니

당신은 그저 두어 번 웃는 연습이나 하고 있어.

하지만 그토록 다정했던 남편은 동지처럼 추운 겨울날 제자를 만나러 나갔다가 갑자기 쓰러져 영영 깨어나지 못했다.

"부잣집 딸을 데리고 와 고생시킨다며 많이 미안해했어요. 세계여행 책열두 권을 사다주며 조금만 기다리면 세계여행 시켜줄 테니 책을 많이 봐두라고 했지요. 팔자에도 없는 세계여행은 무슨……."

매일이 긴긴 동지 밤 같았던 40년 세월이 지났건만, 어찌해도 그 약속은 잊히지 않는다. 종손과 함께 산 몇 해의 기억으로, 그리고 종가의 안주인이라는 사명감으로, 서른둘에 혼자가 됐지만 세 아들을 잘 길러내고 시어머니까지 봉양하고 있는 윤갑묵 종부는 시어머니와 나이 차가 열한 살밖에 나지 않는다. 지금은 둘도 없는 친구가 되어버린 시어머니와 며느리. 40년 간 종가를 함께 지켜온 두 여인은 이제 눈빛만 봐도 통하는 사이가 되었다.

목숨을 나눈 형제, 차례를 같이 지내다

조선 유학의 분수령을 이루는 퇴계학파는 서애 류성룡문파와 학봉 김성일문파로 나뉜다. 학봉의 문파는 경당 장흥효로 이어져 존재 이휘일, 갈암 이현일 형제에게 전수돼 영남학파의 대종大宗을 형성했고, 이에 반해 류성룡문파는 우복 정경세를 비롯해 월간 이전, 창석 이준 형제에 의해 그 계보가 형성되었다.

동생인 창석 이준蒼石 李埈, 1560~1635과 형 월간 이전月澗 李㙉은 조선 명종 대에 태어나 인조 대에 활약했다. 두 살 터울로 태어난 형제는 각각 5, 6세에 공부를 시작하였으며 글 읽는 것을 좋아하고 학문이나 사상이 쌍둥이처럼 서로 닮았다. 특히 스승이 문하생들을 모아놓고 소원을 물었을 때 맨 나중에 대답한 어린 이준은 "오직 배워서 충신만을 쌓기를 원한다"고 답해 스승을 감탄케 했다고 전한다.

평생 동고동락하며 뜻을 같이한 형제의 지극한 마음은 경북 유형문화재 제217호로 지정된 〈월간창석형제급난도月澗蒼石兄弟急難圖〉에 잘 나타나 있다. 임진왜란 발발 이듬해인 1593년, 두 형제가 머물던 향병소에 왜군이 들이닥치자 몸이 불편한 이준이 형에게 혼자만이라도 피할 것을 간곡히 청했으나 이전은 끝끝내 동생을 업고 백화산白華山으로 몸을 피해 둘 다 목숨을 건졌다고 한다. 후일 명나라에 간 이준이 이 이야기를 전하자 크게 감동한 명나라 사람들이 화공을 시켜 피란 장면을 그림으로 남긴 것이다.

흥양 이씨 창석종가 종택

동지차례를 지내는 사당

　이처럼 형제애를 과시했던 흥양 이씨 두 형제의 집안은 각각 월간종가
와 창석종가로 나뉘었다. 여인네들이 음식 장만을 할 때 남자들은 두 번의
차례를 준비한다. 월간종가에 가서 차례를 지내고 나서야 창석종가에서 차
례를 지내는 게 수백 년 동안 이어온 양쪽 집안의 전통이다. 후손들은 두 사
람의 차례를 한날 같이 지내면서 두 사람의 우애를 지킨다. 태어난 날과 죽
은 날은 달라도 동지차례에 형제끼리 팥죽을 잘 드셨으리라 양쪽 집안사람
들은 믿고 있다.

동지차례 팥죽

1 팥을 깨끗하게 씻어 물에 반나절 정도 불렸다가 물기를 뺀다. 찹쌀은 물에 불린다.

2 가마솥에 물기를 뺀 팥을 넣고, 팥이 잠기도록 물을 부어 팥이 물러질 때까지 끓인다.

3 팥이 익는 동안 찹쌀가루에 소금 간을 하고 익반죽을 해 동그랗게 새알심을 만든다.

4 팥이 충분히 물러지면 팥을 으깨 체에 거른다. 걸러지지 않은 팥 껍질은 버리고, 걸러낸 팥물에 불린 찹쌀을 넣어 끓인다.

5 찹쌀이 반쯤 익었을 때 새알심을 넣어 함께 끓이고 소금으로 간을 한다.

종부는 다 된 팥죽 한 그릇을 떠서 장독대에 올리고 동지 고사를 지낸다. 예전에는 팥죽을 쑤면 사당에 올려 동지 고사를 먼저 지내고, 각 방과 장독, 헛간 같은 집안 여러 곳에 두었다. 팥죽의 붉은 기운이 벽사辟邪의 힘을 지녀 액운과 잡귀를 쫓아낸다고 믿었기 때문이다. 요즘은 동지팥죽을 먹기는 하지만 동지차례를 지내는 곳이 거의 없고 집 안에 뿌리는 일은 더욱 드물다. 그래도 종부는 부지런히 집 안 곳곳에 팥죽 그릇을 두어 집안의 안녕과 가족들의 건강을 기원한다.

"동지는 한 해의 마지막 날인 동시에 다음 해가 시작되는 날로 여깁니다. 동지 이후부터는 다시 낮이 길어지니까 실질적인 봄의 시작이지요. 그래서 동짓날에도 조상님께 차례를 지내는데 다른 집에서는 많이 생략하는 것 같습니다."

차례가 끝나면 종부가 오래도록 준비한 동지팥죽을 내간다.

"동지팥죽을 먹어야 나이 한 살을 더 먹는다고 할 정도로 꼭 먹어야 하는 음식인데 요즘 누가 번거롭게 집에서 팥죽을 쑤겠어요? 시장에서 사 먹거나 아예 안 먹겠지요."

캔 형식으로 간편하게 먹을 수 있는 즉석팥죽이 판매된다고 말씀드리니, 어르신들이 무척 놀라신다. 그런 즉석팥죽과 종부의 팥죽을 감히 비교나 할 수 있을까. 집안 식구들이 팥죽을 맛보는 동안 종부는 차례 음식들을 봉지마다 똑같이 나눠 담는다. 누구 하나 서운하지 않도록 두루 살피는 종부의 마음이 한겨울 추위를 녹이는 뜨끈한 동지팥죽과 닮았다.

❖ 흥양 이씨 창석종가
경북 상주시 청리면 가천2길 52 | 054-533-5915

청송 심씨
송소고택

:: 게바가지된장찌개와 조약전

아흔아홉 칸 대저택, 청송 심부잣집

'만석꾼'은 해마다 곡식 만 섬을 거두어들일 만한 논밭을 가진 어마어마한 부자를 말한다. 요즘 시세로 환산하면 1년에 대략 20억 원을 벌어들이는 큰 부자인 셈이다. 이런 만석꾼 집안이 영남에 두 군데 있다. 경주 최부잣집과 아흔아홉 칸 대저택으로 유명한 청송 심부잣집이다. 심부잣집은 세종대왕비 청송 심씨 소헌왕후의 본향이자 청송 심씨의 세거지인 경북 청송 덕천마을에 자리하고 있다. 조선시대에 무려 4명의 왕비와 4명의 부마, 그리고 13명의 정승을 배출한 명문 중의 명문이다. 심부잣집에서 한 해 생산하는 양식은 무려 2만 석에 이르렀다. 9대에 걸쳐 무려 250년간 만석꾼의 부를 누린 청송 심씨 가문은 한때 '청송에서 대구까지 가려면 심부잣집 땅을 안 밟고는 갈 수 없다'고 할 정도로 막대한 재력을 지닌 대부호였다.

이 댁의 상징이라 할 수 있는 '송소고택松韶古宅'은 영조 때 이름난 만석꾼 심처대沈處大의 7대손 송소 심호택松韶 沈琥澤이 1880년(고종 17년) 파천면 지경리에서 조상의 본거지인 덕천리로 이거하면서 건축한 가옥이다. 이사할 때 도둑을 맞아 많은 재물을 잃고도 거뜬하게 아흔아홉 칸 대저택, 송소고택을 지었다고 전해진다. 송소고택은 1985년에 경북 민속문화재 제63호로 지정되었다가 2007년에 중요민속문화재 제250호로 지정되었다.

궁궐을 제외한 사가私家는 아흔아홉 칸 이하로 크기를 제한했다. 기둥 하나만 더해지면 궁궐과 진배없으니, 사대부가 누릴 수 있는 최고의 부귀영화라 할 수 있겠다. 영남 지방 상류가문의 특징을 제대로 보여주는 청송 심씨 심부잣집은 '끼이익' 하는 솟을대문의 대문 소리마저도 우렁차다.

청송 심씨 송소고택

남녀가 각기 다른 방향으로 지나다니도록 만든 헛담

"'이리 오너라' 하고 나서 대문 열리는 소리로도 그 집의 위용을 짐작했지요. 옛날 어른들께서는 대문 소리가 작게 나면 목수를 불러서 소리가 크게 나도록 문을 고쳤어요. 동네 사람들이 다 들을 수 있게 문소리를 크게 내는 데에도 하인들의 기술과 내공이 필요했습니다."

"솟을대문만 그렇고 아녀자가 있던 별채는 그 반대예요. 첩이 머물거나 시집가기 전 여인들이 머물던 별채의 문은 철을 박아서 소리가 나지 않게 했거든요. 여자들한테는 좀 인색했지요."

청송 심씨 송소고택의 11대 주손 심재오 씨와 안주인 최윤희 씨가 고택에 얽힌 옛이야기들을 전한다. 마당 하나를 사이에 두고 내외담이 있어, 마당을 가로지를 때도 남녀가 다른 길을 가도록 한 점이 특히 눈에 띈다.

"사랑채는 사랑채대로 안채는 안채대로, 남녀의 공간을 구분하는 경계인 거죠. 이 내외담을 우리는 '헛담'이라고 부르는데, 남녀가 유별한 시대의 상징 같은 겁니다."

헛담뿐만 아니라 집 구석구석 재미있는 요소가 숨어 있다. 안채의 바깥 담에 자그마한 구멍이 3개 뚫려 있는데, 사랑채를 엿보는 비밀 구멍이다.

"이 구멍으로 사랑채를 엿볼 수가 있어요. 재미있는 게 여기서 보면 구멍이 3개지만 저쪽 사랑채에서 보면 구멍이 6개예요. 망원경처럼 각도를 달리해서 여러 방면을 훔쳐볼 수 있지요."

손님이 많은 심부잣집에서는 사랑채에 손님이 몇 명이나 드는지 재빨리 계산해야 했는데, 이 구멍을 통해 손님의 수를 대충 헤아려 빨리 상을 내갈 수 있었다고 한다. 안채에만 지내야 했던 아녀자들에게 비밀 구멍은 잠깐이라도 세상과 통하는 통로가 되어 주곤 했다.

화려한 주요리와 소박한 후식

만석꾼 집안의 내림음식은 '게바가지된장찌개'로 '게바가지'는 '게딱지'를 말한다. 산으로 둘러싸인 청송에서 구하기 힘든 귀하신 몸 영덕대게로 요리하는 된장찌개라니 식재료에서부터 만석꾼 집안의 재력이 느껴진다.

안주인에게 게바가지된장찌개는 28년간 함께 살았던 시어머니를 떠올리게 하는 추억의 음식이다. 돌아가신 시어머니와 시할머니 두 분 모두

100세 이상 사셨다고 하니 게바가지된장찌개는 심부잣집 여인들의 손끝으로 전해진 건강식이자 장수의 비결이라 할 수 있다.

게바가지된장찌개가 주요리라면 기름에 지져 먹는 떡 '조약전'은 간단히 즐기는 후식이자 간식이다. 쫀득쫀득한 찹쌀과 대추의 씹히는 식감이 절묘하게 어우러진 조약전은 윤기 흐르는 자태로 보는 이로 하여금 군침 돌게 하는 음식이다.

게바가지
된장찌개

1 찜솥의 물이 팔팔 끓을 때 영덕대게를 넣어 푹 쪄낸다.

> ### 종부의 요리 TIP
> "찜솥에 찬물을 붓고 바로 재료를 올려 찌는 경우가 많은데, 대게는 물이 끓고 나서 넣어야 대게의 단맛이 덜 빠집니다."

2 찐 영덕대게의 살을 발라낸다. 게딱지도 버리지 않고 챙겨둔다.

3 뚝배기에 물을 붓고 발라낸 게살을 넣은 뒤 된장으로 심심하게 간을 하여 끓인다.

4 달래와 청홍고추를 썰어 넣어 향과 칼칼한 맛을 더한다. 고춧가루도 조금 넣는다.

5 한소끔 끓인 게살된장찌개를 게의 등딱지에 옮겨 담는다.

6 찌개를 담은 게딱지를 석쇠에 올려 통째로 한 번 더 끓인다.

7 상에 1인당 한 개씩 게바가지된장찌개를 내놓는다.

● **영덕대게**
경북 영덕과 울진 일대에서 나는 게. 껍질이 얇고 살이 많으며 맛이 담백하여 구미를 돋우는 명물이다. 대게라는 이름은 크기가 커서 붙은 게 아니라, 그 발이 붙어나간 모양이 대나무의 마디와 같이 이어져 있는 데에서 연유한다. 어획기간은 12월에서 다음해 3월까지인데, 이때 잡힌 영덕대게가 살이 많고 맛있다.

조약전

1 돌려깎기로 대추의 살만 쏙 발라내, 대추살을 다지듯 잘게 썬다.

2 찹쌀가루에 소금물을 부어 반죽한다.

3 찹쌀반죽에 잘게 썬 대추를 넣고 치댄다.

4 반죽을 조금씩 떼어 둥글게 뭉친 뒤 납작하게 눌러 누름 모양을 만든다. 가운데를 꾹 눌러주면 반죽이 익을 때 부풀더라도 잘 익는다.

5 달군 번철에 기름을 두르고 납작하게 누른 반죽을 올려 지진다.

6 뜨거울 때 설탕을 골고루 뿌린다.

게바가지된장찌개를 먹어본 사람들은 영덕대게가 들어갔다는 것에 한 번, 게딱지 위에 된장찌개를 올린 기발함에 또 한 번, 칼칼하면서도 깊고 진한 맛까지 세 번을 놀란다. 시집 안 간 딸들은 먹지도 못하게 했다니, 게바가지된장찌개를 먹기 위해서라도 얼른 시집가기를 바라는 부모의 마음이 느껴지는 듯하다. 화려한 게바가지된장찌개와 소박한 조약전, 만석꾼의 영광과 실리를 다 갖춘 참으로 송소고택다운 음식이다.

❖ **청송 심씨 송소고택** (숙박 가능)
경북 청송군 파천면 송소고택길 15-2 | 054-874-6556
http://www.송소고택.kr

안동 장씨
칠계재

:: 태극깨강정

시어머니와의 추억

'남아선호사상'이라는 말이 언제 있었나 싶게 요즘은 아들보다는 딸을 더 선호하는 추세다. '딸 둘에 아들 하나면 금메달, 딸만 둘이면 은메달, 딸 하나 아들 하나면 동메달, 아들 둘이면 목메달'이라는 우스갯소리가 나돌고, 장가보낸 아들은 그냥 며느리의 친구라는 얘기도 있다. 하지만 불과 30년 전만 하더라도 이런 말은 상상도 할 수 없었다. 특히나 여염집과 달리 조상의 제사를 받드는 종가에서 아들은 반드시 필요한 존재였다. 그래서 가문의 맥을 중히 여기는 종가에서는 아들을 보지 못하면 양자를 들이기도 했던 것이다.

안동 서후면 금계리에 있는 칠계재七戒齋의 안주인 류춘영 씨 역시 아들 때문에 몸 고생 마음고생이 많았다. 명문가에 시집을 왔으면서 내리 딸만 셋을 낳았기 때문이다. 당시만 하더라도 자식 많은 게 자랑이자 재산이어서 5~6명의 자녀를 두는 집이 많았다. 그러나 류춘영 씨는 넷째를 임신했을 때 심각한 우울증으로 중절수술까지 생각했었다고 한다. 배 속의 아이를 버리자고 모질고 독한 마음을 먹었을 때, 시어머니가 아들이 아니어도 상관없다고 하며 며느리를 따뜻하게 보듬어주었다. 고부의 간절한 기도가 통했던지 넷째는 다행히 아들이었다. 칠계재 안주인은 일가와 동네에서 그 누구보다 많은 축하를 받았고, 올바른 선택을 할 수 있도록 조언해주신 시어머니께 늘 감사하고 있다.

"딸 같은 며느리 없다 하지만 꼭 그렇지만은 않아요. 우리 시어머니는 엄청 다정했던 분입니다. 매사 서툴렀던 맏며느리를 진짜 딸처럼 보듬어주시고 아껴 주셨지요. 어머니의 전통음식 솜씨는 안동 일대에 소문이 났는데, 제 솜씨가 서툴러 맛도 모양도 이상했지만 늘 감싸주셨어요."

칠계재에서는 보통 설이 되기 보름 전부터 강정이나 유과, 다식 등 기본적인 명절 음식을 장만했다. 곡물을 엄선하고 손질하는 재료 준비부터 완성하기까지 짧아도 일주일의 시간이 걸린다니 그 시간과 공이 대단하다.

"시어머니로부터 배운 강정 만드는 방법은 수십 가지예요. 쌀이나 수수, 깨 등 다양한 재료에 모양도 제각각이니 응용하는 것에 따라 수십 가지의 강정이 나오는 거지요. 제가 많이 서툴렀는데도 어머니께서는 늘 제가 만든 게 제일 맛있다고 칭찬해 주셨어요. 그랬으니 제가 기죽지 않고 이 기술을 다 익힐 수 있었겠지요."

시어머니가 21년간 당뇨로 고생하다 돌아가시기까지 수발한 것은 당연히 맏며느리였다. 지금도 한과를 만드는 설 무렵이면 류춘영 씨는 시어머니가 그리워 어머니 산소를 바라보며 못 다한 효를 가슴 아파한다.

수백 년의 정을 이어온 경당종가와 학봉종가

칠계재는 경당종가에서 퍼져 나온 사파종가로 경당의 5대손 장세규張世奎, 1783~1868의 당호이자, 그가 지은 조선 후기의 가옥이다. 안동 장씨 칠계재의 7대손 장연찬 씨와 아내 류춘영 씨는 종손, 종부가 아닌 주손과 안주인이라는 호칭으로 불러달라고 내내 겸손이다. 한 동네에 엄연히 경당종가가 있는 만큼 종가에 대한 예우를 지켜야한다고 강조하는 것이, 분파해서 쉬이 종가와 종택을 내세우는 다른 집들과 달라 보인다.

칠계재는 우리나라에서 가장 명망 있는 경당종가와 학봉종가 사이에 위

안동 장씨 종택 칠계재

치한다. 학봉 김성일과 경당
장흥효는 사제지간이다. 정신
적으로도 지리적으로도 가까
이 있는 두 집안은 수백 년이
지났지만 그 애틋한 정을 나누
고 있다.

칠계재 장세규 사적비

칠계재에서 자신 있게 내보이는 음식은 '강정'이다. 강정은 찹쌀가루,
꿀, 엿기름, 참기름으로 만드는 우리의 전통과자로 지금은 사시사철 먹을
수 있는 간식이지만 옛날에는 약과, 다식과 함께 잔칫상이나 제사상에 올
랐다. 종류에 따라 만드는 데 사흘이 걸리는 강정도 있다고 하니 보통 손이
많이 가는 음식이 아니다. 수십 가지의 강정 중에서 안주인이 선택한 것은
그나마 손이 덜 가고 집에서 쉽게 만들어 볼 수 있는 '태극깨강정'이다.

태극깨강정

1 흰깨와 검은깨를 따로 볶는다. 껍질을 벗긴 납작한 깨가
  통통해질 때까지 볶으면 되는데 이때 흰깨의 양이 검은
  깨보다 1/3 정도 많아야 한다.

2 프라이팬에 물엿, 설탕, 기름을 한데 넣어 한쪽 방향으로
  만 저어가며 끓여 강정엿을 만든다.

3 강정엿의 양을 반으로 나눠서 흰깨와 검은깨를 각각 졸
  인다.

4 졸인 흰깨, 검은깨 반죽을 각각 비닐로 감싼 뒤 홍두깨로
  밀어서 평평하게 편다.

종부의 요리 TIP
"그냥 밀지 않고 비닐로 한 번 싸서 밀면 깨 사이사이에 공기
층이 생기지 않아 깨끼리 더욱 찰싹 달라붙습니다."

5 얇게 편 흰깨 반죽 위에 검은깨 반죽을 올린 뒤 김밥 말
듯이 둘둘 만다.

6 둘둘 만 깨를 김밥 썰 듯이 자르면 흰깨와 검은깨가 멋스
럽게 어우러진 태극깨강정이 완성된다.

그 외 강정

칠계재에서는 설날 아침에 강정을 제사상에 올려 그 해의 무병장수를
기원한다. 정성스레 만든 강정에 종가의 안녕을 비는 마음을 담았으니 칠
계재에는 늘 좋은 일로만 가득할 것이다.

❖ 안동 장씨 칠계재 (고택체험 및 강정 주문 가능)
경북 안동시 서후면 풍산태사로 2685-64 | 054-852-2649
7대 주부 류춘영 010-8102-5146

280

의성 김씨
학봉종가

:: 족편

충절과 의기의 유학자, 학봉 김성일

조선 중기의 학자 학봉 김성일鶴峰 金誠一, 1538~1593은 서애 류성룡과 어깨를 나란히 하는 퇴계의 수제자다. 주리론主理論을 계승한 그의 학통은 경당 장흥효, 갈암 이현일로 이어져 후에 이재, 이상정으로 이어지는 영남학파의 기틀을 마련했다. 그러나 오늘날 학봉의 명성이 이리도 높은 것은, 그가 단순히 책만 읽은 유학자가 아니라 충절과 의기로 생을 다한 인물이기 때문이다.

김성일은 1589년 11월에 도요토미 히데요시와 일본의 사정을 탐지하려고 꾸린 조선통신사의 부사副使로 파견되었다가 이듬해 조정에 돌아왔다. 선조가 도요토미 히데요시의 인상을 묻자 정사正使 황윤길은 "눈빛이 반짝반짝하여 담과 지략이 있어 침입할 수 있다"고 소를 올렸고, 부사 김성일은 "그의 눈은 쥐와 같아 두려워할 위인이 못된다. 황윤길이 일본의 상황을 장황히 아뢰어 민심이 동요하니 사의에 어긋난다"며 서로 상반된 의견을 내놓았다.

김성일은 이 발언 때문에 임진왜란을 불러온 장본인으로 매도됐고 왜란이 일어나자 곧 파직되었다. 여기까지가 많은 이들이 알고 있는 학봉 김성일과 임진왜란의 서막이다. 하지만 그 이후 학봉은 새로운 역사를 쓰기 시작한다.

지리멸렬한 임진왜란이 계속되던 때, 퇴계의 적통을 이어받은 수제자인데다 백성을 위한 직언을 하기로 유명한 학봉이야말로 경상도의 뿔뿔이 흩어진 민심을 모으기에 최적의 인물이라는 류성룡의 천거로 김성일은 경상도 초유사에 임명되었다. 그는 고향 경상도로 한걸음에 달려와 격문을 지어 백성을 한데 모으는 한편, 관군이 궤멸한 상황에서 민초들과 의병을 일으킨 곽재우와 김면을 의병장으로 삼고 독려했다.

관군과 의병을 조화시켜 환란 속에서 나라를 지킨 것은 그 시절 아무도 하지 않았던, 아니 할 수 없었던 일이었다. 진주 목사 김시민으로 하여금 진주성을 보존하게 한 김성일은 1593년 제2차 진주성 전투에서 병사했다. 눈을 감는 순간까지도 흔들리는 촛불 같은 나라의 운명과 붕당의 폐단을 걱정하였다 전해진다.

학봉의 의기를 이어오고 있는 학봉종택은 운장각雲章閣을 학봉기념관으로 만들어 많은 이들이 학봉을 느낄 수 있도록 종택의 문을 활짝 열었다. 특히 1577년 학봉이 중국에 사신으로 갔다가 돌아올 때 가지고 온 것으로 알

의성 김씨 학봉종가 종택

학봉기념관

학봉 선생이 생전에 쓰시던 유품들

려진 안경과 철지휘봉 등 유서 깊은 학봉의 유품과 고서들이 학봉의 삶을 증거하고 있다.

갓을 쓴 CEO

훤칠한 키에 떡 벌어진 어깨가 눈에 띄는 의성 김씨 학봉종가 15대 종손 김종길 씨는 성공한 CEO 출신이다. 삼보컴퓨터 사장, '삐삐' 세대라면 다 알만한 나래이동통신 사장, 국내 최초 초고속 인터넷 서비스회사 두루넷 사장을 거치며 정보통신업계에서는 최고 자리에 오른 장본인이다. 10여 년 전 미국인이 갖고 있던 '코리아닷컴' 도메인을 거금을 들여 사들인 장본인이기도 하다.

"기업 CEO를 40년 정도 했지만 여기 내려온 것에 큰 미련은 없습니다. 선택의 문제가 아니라 당연한 귀결점이었으니까요. 종손이라는 과업은 숙명이라 할 수 있지요."

지난 2010년에 있었던 학봉종가의 길제吉祭에는 1,300명이 넘는 이들이 찾아와 축제를 즐겼다. 상주가 부모의 삼년상을 마치는 길제는 종가에서 큰 의미를 갖는다. 바로 종손, 종부의 세대교체가 이뤄지는 날로서 차종손, 차종부가 종가 업무를 이어받기 때문이다. 그때부터 CEO라는 직함은 버리고 학봉종가 종손으로서의 새로운 삶이 운명적으로 펼쳐졌다.

14대 종손 김시인에서 아들 김종길로 이어지는 부자의 종손 계승은 남다른 데가 있다. 선친은 13대 김용환 종손에게 후사가 없어 입적한 양자였다. 대개 10세 전후로 양자를 입적하는 데 반해, 김시인은 29세로 이미 처자식을 둔 상황이었다. 그는 만년한 나이에 부인과 자식까지 데리고 둥주리(둥우리)째 옮겨왔다 해서 '둥주리 양자'라 불렸다. 종가에 대한 안동의 집념이 느껴지는 대목이다.

인고를 견디는 맛

지금에야 수도꼭지만 틀면 물이 콸콸 나오고, 냉장고 안에 과채소가 가득하지만 그 옛날 많은 손님을 대접한다는 것은 실로 고충이었다. 손님 많기로 유명한 학봉종가의 15대 종부 이점숙 씨의 손에는 물 마를 날이 없었다. 퇴계 이황의 16대손인 이점숙 씨는 종부의 고충을 가까이에서 봐온 터라 종가로 시집오는 것이 죽기보다 싫었다고 한다.

"퇴계집안 15대 종부로 매일같이 제사를 지내는 어머니가 너무 가엾고 힘들어 보였어요. 저는 어머니처럼 살기 싫었지요. 기왕이면 피하고 싶어서 부모님께 종부로는 살기 싫다고 못을 박았었어요."

부모님은 딸 편을 들었지만 손녀를 학봉집안에 시집보내겠다는 할아버지의 뜻은 완고했고 결국 1966년 이 댁으로 시집오게 되었다. 다행히 퇴계집안과 학봉집안은 학봉이 퇴계의 수제자였던 만큼 가풍이 비슷해 어렵지 않게 적응할 수 있었다. 그 많은 손님도 당연한 복이려니 하며 즐겁게 맞았다.

딸만 셋을 낳은 종부는 시아버지가 '둥주리 양자'로 학봉가와 인연을 맺은 것처럼 종손의 조카를 양자로 들였다. 종손이라는 무거운 짐을 지운 것

같아 종부는 늘 아들에게 미안한 마음이다.

겨울이면 문중 사람들이 삼삼오오 모여 문살에 창호지를 입힌다. 종택에 창호문이 워낙 많아 손이 많이 필요한데 종손은 일체 거들지 않는다. 왜 같이 일하지 않느냐고 여쭈었더니 옆에서 일하고 계시던 어르신이 손사래를 치며 목소리를 높인다.

"종손이 이런 일을 하면 안 되지요. 종손은 종가를 관리하고 손님 접대만 잘하면 됩니다. 지손들이 많이 있는데 종손이 문 바르는 일까지 할 필요는 없어요. 원래 이런 일들은 지손들이 하는 겁니다."

종손을 예우하는 종가 어른들의 마음이 오롯이 전해진다. 종손 또한 봉제사奉祭祀와 접빈객接賓客이 자신의 가장 큰 소명임을 잘 안다.

"제가 부모님께 받은 가르침이 '조상 욕되지 않게 처신 잘하고 문중 어르신들 잘 모시는 것'과 '검소하고 부지런하며 정직하되 남한테는 지라'는 것입니다. 말은 쉽지만 이 기본을 지키는 게 정말 어렵지요. 봉제사도 접빈객도 항상 정성을 들이고 즐거운 마음으로 해야지 종가에 사람이 끊이지 않습니다."

덕분에 항상 사람들로 북적이는 이 댁에서 선보이는 내림음식은 '족편'이다. 족편은 만들기도 번거로운데다 시중에 파는 곳도 거의 없어 지금은 사라져가는 음식 중 하나로, 젊은이들 사이에서는 이름을 아는 이도 드물다. 오랜 시간을 들인 끝에 탄생하는 인고의 음식인지라 드라마에서 종가를 상징하는 음식으로 자주 소개된다.

족편

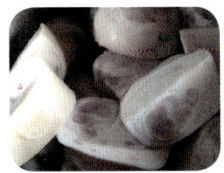

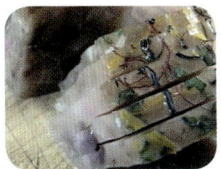

1 우족을 솔로 문질러 깨끗이 씻은 뒤 토막을 내고 물에 담가서 핏물을 뺀다.

2 커다란 가마솥에 물을 넉넉히 끓이고 우족을 넣어 계속 끓인다. 이때 인삼을 같이 넣어 비린내를 잡는다.

3 우족의 골수가 쉽게 빠질 정도까지 끓인 뒤에, 뼈를 추려 내고 나머지를 체에 붓는다. 국물은 걸러내고 체에 남은 고기 건더기는 곱게 다진다.

4 다진 고기와 국물을 다시 냄비에 담아 소금 간을 살짝 한 뒤 약한 불에서 서서히 졸인다. 이때 위에 생기는 기름을 걷어내면서 저어주어야 눌러 붙지 않는다. 하룻밤을 꼬박 끓이면 알맞게 졸아든다.

종부의 요리 TIP

"숟가락으로 떴을 때 국물이 줄줄 흐르지 않고 뚝뚝 끊기면서 겨우 떨어진다 싶으면 다된 겁니다. 곰국을 끓일 때보다 몇 배 더 졸이는 거지요."

5 우족을 끓이는 동안 고명을 준비한다. 달걀로 황백지단을 얇게 부쳐 채 썰고, 더운 물에 불려 채 썬 석이버섯, 실고추, 파 등을 고명으로 준비한다.

6 네모난 그릇에 다 끓은 우족을 붓고 고명을 얹은 뒤 차가운 데 두어 굳힌다.

7 족편이 잘 굳으면 그릇을 거꾸로 엎어 빼내고 얇게 썰어 접시에 담는다.

8 기호에 따라 초간장과 겨자를 곁들인 양념장에 찍어 먹는다.

●족편

굳혀서 썬 모양이 떡처럼 보인다 하여 족병足餠 또는 교병膠餠이라고 한다. 궁중연회나 반가의 잔치 음식으로 이용된 동물성 묵으로, 콜라겐 성분이 많아 차가운 데서 식히면 돌처럼 단단하게 굳는다. 오방색으로 수놓은 고명의 화려함이 맛과 멋을 한층 더 돋우는 찬품이다. 민가에서는 족편의 재료로 소의 다리와 가죽, 꼬리 등과 꿩고기를 쓰기도 했다. 궁중에서는 족편을 잔칫상에 빼놓지 않고 올렸는데 주재료는 우족이고 부재료로 묵은 닭이나 숭어, 마른 대구, 마른 전복 등을 넣었다고 전해진다.

족편이 완성되기까지 이틀이라는 시간 동안 종부는 잠을 설쳐가며 부뚜막을 지킨다. 정성껏 만든 족편을 창호지 바르느라 바깥에서 고생하신 종가 어르신들께 대접한다.

"족편은 옛날 사대부에서 겨울철과 설 무렵에 즐겨 먹던 건강식입니다. 씹을수록 구수한 맛이 우러나는 게 정말 맛있어요. 그런데 고기 맛이 너무 진해서인지 요새 젊은이들은 이 족편 맛을 몰라요. 기껏해야 족발이나 먹을 줄 알지요. 하지만 이 깊은 맛하고는 천양지차랍니다."

종가의 내림음식이 잊히지 않도록 긴 시간의 노고를 마다않는 종부가 있어 학봉종가의 족편은 대대로 이어질 것이다.

❖ **의성 김씨 학봉종가** (숙박 및 고택 체험 가능)

경북 안동시 서후면 풍산태사로 2830-6 | 054-852-2087

http://www.hakbong.co.kr

진성 이씨 대종가

:: 생태난과 콩가루시래기국

600년 가보, 뚝향나무

불휘 기픈 남간 바라매 아니 뮐새…… 누구나 한 번쯤은 들어보았을 이 문장은《용비어천가》의 한 대목으로 '뿌리 깊은 나무는 바람에 흔들리지 않는다'는 뜻이다. 600년이 넘는 시간을 흔들리지 않고 버텨 낸, 실로 '뿌리 깊은 나무'를 진성 이씨 대종가에서 만난다.

진성 이씨가 세상에 널리 알려진 데는 두 가지 이유가 있다. 한 가지는 조선 성리학의 걸출한 인재 '퇴계 이황'을 배출한 명문가라는 점이고, 나머지 한 가지는 천연기념물 제314호로 지정된 '뚝향나무' 때문이다. 뚝향나무는 향나무의 변종으로 줄기가 곧게 서지 않고 가지가 수평으로 퍼지는 것이 특징이다. 이 댁의 뚝향나무는 3m 높이에 용이 승천하는 것처럼 웅장하게 가지가 펴져 있는데 동쪽으로 5.8m, 서쪽으로 6.3m, 남쪽과 북쪽으

천연기념물 제314호 뚝향나무

로 5.5m가량 뻗어 있어 나무 아래 서 보면 감탄이 절로 나올 정도로 위용이 대단하다.

우리나라 중부 이남을 비롯해 일본에 많이 분포하는 향나무는 본래 줄기에서 나는 독특한 향 때문에 부정을 없애는 것은 물론 신명과도 잘 통한다고 알려져 예부터 제사나 불가의 의식에 '향'으로 많이 쓰였다. 낮게 깔린 생김새 때문에 '앉은 향나무'라 부르며 강이나 바닷가의 둑을 보호하려고 특히 많이 심으면서 '뚝향나무'라는 이름을 갖게 되었다.

영변판관, 나무를 가져와 종택에 뿌리내리다

지금으로부터 600년 전, 이 뚝향나무를 심은 이는 세종 때 영변판관을 지낸 이정李禎이다. 김소월의 시 「진달래꽃」에 나온 바로 그곳, 평안북도 '영변'의 판관으로 간 이정은 주민들을 위협하는 호랑이를 잡기 위해 직접 호랑이굴을 찾아가 단 한 발의 화살로 호랑이를 해치웠다고 한다. 그는 오랑캐의 침공을 막기 위한 영변진 구축과 약산성 증축을 무사히 마치고 귀향하면서 뚝향나무를 가지고 와 주촌리에 심었는데, 14대손 이만인李晩寅이 쓴《경류정노송기慶流亭老松記》에서 다음과 같이 전한다.

> 우리 종가 경류정 옆에 한 그루의 소나무가 있는데, 그 가지와 줄기가 뱀이 서리듯 널찍하게 얽혀서 왕이 타는 큰 수레의 덮개 같다. 높이가 두 길 정도고 아래에는 100여 명이 둘러앉을 만큼 넓은 것이 참으로 기품이 있다. 우리 14대조 선산공께서 심은 것으로 우리 이씨가 처음으로 여기 뿌리를 내리던 때다. 세종대왕께서 약산성을 쌓아 오랑캐를 막기 위함이었는데 공이 판관이 되어 감독하며 큰 공적을 남겼다. 돌아오실 때 약산의 소나무를 사랑하여 세 그루를 옮겨와 한 그루는 여기에 심으시고, 또 한 그루는 셋째 아들 판서공이 온혜에 터를 잡고 집을 지을 때 뜰 안에 심어 무성하게 자라고 있고, 또 한 그루는 사위 해평사람 박근손에게 주었는데 임란 때 없어지고 전하지 아니한다.

한 그루는 임진왜란 때, 또 온혜종가에 전해지던 한 그루마저 죽어버려 약산의 뿌리는 진성 이씨 대종가의 단 한 그루만 살아남았다. 옆으로 가지를 쭉쭉 뻗어나가는 뚝향나무처럼 진성 이씨 가문은 조선시대 문과 급제자 58명을 배출한 명문가로 승승장구했다.

그중에서도 특히 뛰어난 이를 꼽으라면 이정의 손자이자 우리나라 성리학을 집대성한 퇴계 이황을 들 수 있다. 나무를 내다보는 대종택 경류정의 편액 역시 퇴계의 솜씨다. 이 뚝향나무 아래에서 금은보화가 아닌 나무 세 그루를 고향으로 갖고 온 조부의 마음을 헤아리며 대학자가 되었는지도 모른다.

뿌리 깊은 뚝향나무는 600년이 지난 지금까지 든든히 마을과 종택을 지키고 있다. 진성 이씨 대종가 21대 종손 이세준 씨에게 있어 종택과 뚝향나무는 그 뿌리가 같다.

두루종택의 두루 사랑받는 내림음식

진성 이씨가 주하리에서 600년간 두루 평안하자 사람들은 이 마을을 '두루마을'이라 부르기 시작했다. 진성 이씨 대종가도 '두루종택'으로 불렸다.

진성 이씨 대종가 종택

퇴계 이황이 친필로 쓴 '경류정' 편액

두루종택의 안주인, 21대 종부 박후남 씨가 집안사람들에게 두루 사랑받는 '생태난'을 선보인다. 생태난은 생태의 뼈와 살을 다져서 양념해 먹는 음식으로, 회를 대신하는 내륙지역의 발상의 전환이자 맛에 대한 집념과 연구가 낳은 결과물이다. 염장한 간고등어를 주로 먹는 안동에서 생태난은 독특한 조리법과 신선한 맛으로 두루종택의 대표 내림음식으로 자리매김했다.

명태는 우리나라 사람들이 가장 즐기는 대표적인 냉수성 어종으로 겨울이 제철이다. 보통 한 마리당 25만 개의 알을 낳고, 대가리와 내장 등 대부분의 부위가 식재료로 쓰인다. 살코기와 곤이는 국이나 찌개, 알과 창자는 각각 명란젓과 창난젓, 심지어 대가리는 부침개로 먹으니 명태 같은 효자 생선도 드물다.

생태난이 이 댁의 별식이라면 '콩가루시래기국'은 겨우내 즐겨 먹는 음식이다. 가을부터 처마에 걸어 놓고 말린 시래기로 조금 색다른 방식의 시래기국을 끓인다.

생태난

1 생태의 대가리와 꼬리, 내장을 제거하고 껍질도 벗긴다.

2 가운데 굵은 뼈를 발라낸 뒤 생태 살과 잔뼈를 함께 다진다.

3 뼈째 다진 생태 살에 무를 채 썰어 넣는다.

4 다진 생강, 다진 마늘, 얇게 썬 파에 고춧가루와 조선간장을 넣어 양념장을 만들고, 생태 살과 무채에 넣어 함께 버무린다.

6 완성된 생태난은 항아리에 넣어 차가운 곳에 보관해서 시원하게 먹는다.

콩가루시래기국

1 말린 시래기를 끓는 물에 넣고 데친 뒤 건진다.

2 다소 질긴 시래기의 바깥쪽 껍질을 벗겨내고 찬물에 헹군 뒤 물기를 꼭 짜서 먹기 좋은 크기로 자른다.

3 시래기에 콩가루를 묻힌다.

종부의 요리 TIP
"저희 집은 시래기국에 된장을 쓰지 않고 콩가루로 맛을 냅니다. 짠맛도 덜하고 구수한 맛은 더해지지요."

4 멸치 육수에 무채를 넣고 끓인다. 국물이 지저분하지 않도록 거품은 걷어낸다.

5 무채가 익으면 멸치 육수의 불을 끄고, 콩가루 묻힌 시래기를 넣어 뜸을 들인다.

7 조선간장으로 간을 한 뒤 약한 불로 한 번 더 끓인다.

종부의 요리 TIP
"한 차례 부글부글 끓인 뒤 뜸을 들이는 게 중요합니다. 그래야 콩가루가 다 퍼지지 않고 시래기에 고스란히 묻어 있거든요."

　　명문가의 음식이라고 해서 재료가 특별하거나 방법이 어려운 것은 아니라는 걸 다시 한 번 느끼게 된다. 600년 뿌리 깊은 나무를 둔 종가답게 든든한 진성 이씨 대종가의 흔들림 없는 화목과 건강이 밥상에 어린다.

❖ **진성 이씨 대종가**

경북 안동시 와룡면 태리금산로 242-5 | 054-859-0697
21대 종손 이세준 010-6253-9565

풍산 류씨
파산종가

:: 안동식혜

풍산 류씨를 찾아서

풍산 류씨는 1999년 영국의 엘리자베스 2세 여왕의 방문으로 전국적으로 유명세를 치렀다. 여왕은 1년에 두 번 뿐인 해외 나들이를 우리나라로 정했고, 짧은 여행 기간 동안 한국적 문화를 가장 많이 간직하고 있는 하회마을을 찾았다. 하회마을에 전 세계의 눈이 쏠린 것은 당연했다.

만여 명의 인파가 운집한 가운데 하회마을에 도착한 여왕은 보물 제414호로 지정된 서애 류성룡西厓 柳成龍, 1542~1607의 종택인 충효당忠孝堂을 찾았다. 여왕은 충효당 정원에 20년생 구상나무를 기념식수한 다음 종손과 종부의 안내로 김치와 고추장 담그는 모습을 세심히 지켜보았다. 그러고는 73세 생일을 기념하여 한국의 '전통생일상'까지 받았다. 이 모습은 세계 각국으로 생생하게 전달됐고, 하회마을의 지명도가 세계적으로 높아지면서

풍산 류씨 파산종가 종택

방문객도 급증했다. 이후 2010년 8월, 드디어 하회마을은 경주의 양동마을과 더불어 유네스코 세계문화유산으로 등재되었다. 마을 전체가 중요민속문화재 제122호로 지정되면서 하회의 문화적 가치를 세계가 인정한 것이다. 풍산 류씨의 씨족마을로서 수백 년간 옛 건축물을 잘 보존한 것, 마을을 지키며 전통을 유지하며 사는 것, 종가를 중심으로 일가들이 집안의 크고 작은 조상들의 제사를 모시는 것 또한 등재 이유였다.

　하회마을이 풍산 류씨의 씨족마을이 된 데는 시조 류절柳節의 7대손 류종혜柳從惠가 조선 초기 공조전서工曹典書를 지내고 풍산현으로 낙향하여 정착하면서부터다. 이후 걸출한 형제 스타가 탄생하는데 겸암 류운룡謙庵 柳雲龍과 서애 류성룡이 그 주인공이다. 이들의 후손은 각각 겸암파와 서애파로 분류된다. 풍산 류씨는 하회에 터를 잡은 이래 문과 급제자 20명, 생원진사시 합격자 35명 등 많은 명신과 선비를 배출하며 명문거족으로 대를 이었고, 이들은 마을 이름을 딴 '하회 류씨'라는 별칭으로 더 많이 불렸다.

대가문인만큼 분파도 많은데, 그중 풍산 류씨 파산종가는 파산 류중엄巴山 柳仲淹, 1538~1571의 후손들이 분파하여 하회마을 바로 옆 풍천면 광덕리 일원에 터를 잡았다. 류중엄은 류운룡, 류성룡과 종질 간으로 퇴계 문하에서 같이 동문수학한 인물이다. 성품이 순하고 어진데다 학문에 대한 물음이 독실하여 선후배들은 그를 가리켜 '공자가 가장 사랑한 어진 제자'라 일컬을 정도였다.

특히 이황에게 성인의 말씀 가운데 일생토록 행할 만한 치심治心·행기行己의 요점을 질문하여 스승의 기대를 한 몸에 받았다. 이황은 황준량에게 편지를 보내 류중엄의 학식을 크게 칭찬하고 후일 큰 학자가 될 것으로 기대하였다. 그러나 그는 애석하게도 불과 34세의 젊은 나이로 세상을 떠나고 말았다. 류중엄의 위패는 안동의 타양서원陀陽書院과 예안의 분강서원汾江書院에 모셔졌고, 후손들은 그를 시조로 하는 '파산파'로 분리돼 뜻을 기리고 있다.

60년간 간직한 편지

풍산 류씨 파산종택은 13대 종부 장동익 씨가 홀로 지키고 있다. 안동의 서후면에 있는 안동 장씨 집안에서 시집와 혼자 된 지 거의 20년이다. 파산종가의 사람이 되고서부터 여느 종택 안주인과 마찬가지로 종부는 집을 비운 일이 거의 없다. 환갑잔치 삼아 유럽여행을 다녀온 게 유일한데 그마저도 지금으로부터 15년 전의 일이다.

"큰 집을 지키는 사람이 집을 비우면 안 되지요. 우리는 평생 그런 거 모르고 살았어요. 유럽여행이라도 갔다 온 게 어딥니까. 그렇게 집을 멀리 떠났다는 게 꼭 꿈같아요."

종부에게는 유럽여행보다 더 소중한 추억이 있다.

"우리 외할아버지가 나 시집보내고 써 보내신 편지예요. 시집온 지 10일 만에 이 편지가 도착했는데, 이거 받고는 우느라고 밥을 못 먹었지요. 외할아버지가 나를 정말 귀여워했었는데 큰 종가에 시집보내고 나서 얼마나 마음이 쓰였겠습니까? 이 편지도 내가 시집온 나이와 똑같아요. 거의 60년이 다 됐네요."

'20여 년 키워 보낸 나의 손녀 동익이'로 시작하는 편지 속에서 외할아버지는 '가문의 안주인이니 말과 행동이 같도록 늘 조심하고 효도, 우애, 공경, 화목을 자나 깨나 잊지 말고 행동해라'라고 당부하신다. 편지를 읽는 내내 종부는 몇 번이나 목이 멘다.

"수시로 꺼내 봤어요. 행여 닳을까 얼마나 애지중지했는지 모릅니다. 할아버지 생각이 날 때나 마음이 힘들 때마다 이 편지를 꺼내 봤지요."

종부라는 짐이 버거울 때마다 할아버지의 당부와 염려는 큰 버팀목이 되었다. 그렇게 세월이 흘러 이제 종부는 파산종가 사람이 다 되었다.

그런 종부가 선보일 이 댁의 내림음식은 '안동식혜'다. 달게 해서 먹는 보통의 식혜와는 달리 고춧가루가 들어가는 점이 이색적이다.

안동식혜

1 찹쌀을 충분히 물에 불린 뒤 가마솥에 고두밥을 찐다.

2 고두밥을 식혀서 커다란 단지에 넣는다.

3 고운 엿기름가루를 미지근한 물에 담가 불린 뒤 체에 받쳐 건더기를 손으로 짜서 엿기름물을 걸러낸다.

4 엿기름물의 앙금을 가라앉힌 뒤 맑은 윗물만 따라내어 사용한다.

5 엿기름물을 조금 덜어 대접에 담고 고춧가루를 풀어 고춧가루 물을 만든다.

6 식혜에 들어갈 채소를 준비한다. 무, 당근, 밤은 채 썰고, 생강은 찧는다.

7 고두밥을 담은 단지에 남은 엿기름물을 모두 붓고, 6의 재료들과 고춧가루 물을 넣어 고루 섞는다.

8 뚜껑을 덮고 담요로 감싼 뒤 따뜻한 아랫목에서 4~5시간 발효시킨다.

9 삭힌 식혜를 차가운 곳에서 식히는데 이때 뚜껑은 열어 둔다.

10 차게 만든 안동식혜는 먹기 직전에 잣이나 땅콩을 띄워 낸다.

　　종부의 손맛으로 완성된 안동식혜는 아삭아삭하게 씹히는 무와 고춧가루의 칼칼한 맛, 생강의 톡 쏘는 맛이 오묘하게 잘 어울린다. 이 댁에서는 더운 여름을 제외한 세 계절 내내 안동식혜를 즐겨 먹는다. 이름에 지명이 들어간 만큼 안동을 대표하는 것은 물론 파산종가를 대표하는 음식이다.

❖ 풍산 류씨 파산종가
경북 안동시 풍천면 광덕섬길 396-8 | 054-853-2243

광산 김씨
쌍벽당

:: 감주와 경단

벼슬하지 말라, 500년의 다짐

요즘은 읍면 단위의 작은 마을을 가도 아파트가 즐비하다. 워낙 아파트를 많이 짓다보니 '아파트 공화국'이라는 신조어까지 생겼다. 반세기 만에 주택의 양식이 확 바뀐 것을 보면 상전벽해桑田碧海가 따로 없다. 10년이면 강산이 변한다고 했는데 요즘은 10년마다 집을 옮겨 다닌다. 이사를 못하면 구조를 바꾸고 새집처럼 리모델링이라도 해야 직성이 풀리는 듯하다. 자동차, 휴대전화, 텔레비전 등등 새 제품이 나오면 곧바로 갈아타는 것이 우리의 생활양식이 되어버렸다. 이렇게 세상은 빨리 변해가는데 무려 500년간 한 자리를 지키며 맥을 이어오는 집이 있다. 경북 봉화 거촌리에 위치한 광산 김씨 종택 쌍벽당雙碧堂이다.

마을 입구에서부터 정비가 잘된 입간판을 따라 마을 안쪽으로 깊숙이

광산 김씨 종택 쌍벽당

들어가면 솟을대문이 당당한 예사롭지 않은 고택을 만나게 된다. 특히 비탈진 지형을 깎지 않고 경사진 터를 그대로 이용한 터라, 맨 앞쪽에 있는 행랑채는 아주 낮고 안채는 저만치 높이 있다. 정면 네 칸, 측면 두 칸의 비교적 큰 규모를 자랑하면서도 초야에 묻힌 소박함이 묻어나는데다 날렵한 팔작기와지붕도 고풍스러움을 더한다.

쌍벽당 사람들은 선조들이 물려준 오랜 집을 쓸고 닦으면서, 안채 곁에 자그마한 현대식 건물을 따로 두어 실제 거주하는 이들이 편히 살 수 있도록 배려했다. 이러한 노력 덕분에 쌍벽당은 조선 중기 주거생활상을 연구하는 중요한 자료로 인정받아 중요민속문화재 제170호로 지정되었다.

1505년, 군위 현감으로 있던 죽헌 김균竹軒 金筠은 장인의 권유로 거촌리에 입향하여 광산 김씨 쌍벽당의 입향조가 된다. 김균이 봉화 골짜기까지 들어와 이곳에 자리 잡은 것은 부친인 담암공 김용석潭庵公 金用石의 유훈 때문이다. 성종 때 진사시에 합격한 김용석은 점필재 김종직의 문인이었으나, 사화와 당쟁의 기운을 감지하고는 고향 안동으로 돌아와 후학 양성에만 힘을 쏟았다. 그는 자식들이 관직에 나가는 것을 원치 않아 "성균관 진사만은 아니 할 수 없으나, 대과에는 참여치 말라"는 유언을 남기기도 했다. 아버지의 유훈을 따라 김균은 외진 거촌리에 들어와 학업과 정신수양에만 힘을 쏟았다. 특히 안동 지역의 뜻있는 선비들과 의기투합하여 청선향약과 안동향약의 기틀을 마련해 민심을 안정시키면서 안동 사림의 큰 흠모를 받았다.

김균의 아들인 쌍벽당 김언구金彦璆 역시 할아버지의 뜻을 어기지 않았다. 그는 25세에 생원시에 합격했지만 관직에 나서지 않고 오로지 후학 양성에만 힘을 쏟으며 고장의 식목植木과 미풍양속 권장에 앞장서 백성들로부터 많은 추앙을 받았다. 부귀영화를 멀리한 것은 물론, 뜰에 소나무와 대나무를 심어 즐기며 거문고를 잘 타 송죽松竹이라 불릴 정도로 풍류를 즐긴 선비로도 유명하다. 1566년 유림에서는 쌍벽당 정자를 지어 그의 유덕을 기렸고, 쌍벽당의 후손들은 김균이 1450년에 건립한 집에서 500년 넘도록 그 정신을 받들고 있다.

종택을 지키고 있는 광산 김씨 쌍벽당 18대 종손 김두순 씨는 얼마 전 팔순을 기념하며《벼슬하지 말라, 오백년의 다짐》이라는 책을 펴냈다. 그는 1954년 봉화초등학교 근무를 시작으로 봉화의 중·고등학교에서 45년간 교직생활을 하다 명예롭게 퇴직했다. 대쪽 같은 성품이었지만 학생들에게는 더없이 다정하고 인자했던 터라 지금도 전국 각지에서 수많은 제자들이 찾아드는데, 은사를 찾아온 제자들에게 애써 가꾼 농산물이며 직접 담근 된장을 챙겨준다. 쌍벽당의 철학인 '절제를 통한 안으로부터의 지킴'을 요란스럽지 않게 실천한 종손이다.

화목의 비결

쌍벽당이 받드는 가훈 열 가지가 있다. 쌍벽당에 걸려 있는 제가십잠齊家十箴, 풀이하면 가정을 가꾸는 일에 있어 열 가지 경계하는 말이다. 드러남 없이 고요하면서도 못내 힘이 느껴지는 쌍벽당의 기운은 이런 남다른 가훈에서부터 비롯된 것이 아닌가 한다.

1 사부모事父母

아버지 날 낳으시고 어머니 날 기르셨으니 부모의 덕을 갚고자 할진대 진심으로 봉양하고 공경으로 섬겨야 한다. 군자가 부모를 섬기는 일은 착한 사람이 되어 기쁘게 하는 일이고, 떳떳한 행실을 하는 것이다.

2 우형제友兄弟

형제 사이란 같은 기운에서 형체가 나뉜 것, 같은 젖을 먹고 같은 집에서 자란다. 각자의 가정을 꾸리고 재물과 이익을 따지다 보면 본래의 우애를 잊어버린다. 그러니 부모의 자식 사랑하는 마음을 미루어 공경하고 사랑하여, 화락하게 지내야 한다.

3 정가실正家室

가정이란 성이 다른 두 사람이 만나는 것이어서 좋아하고 싫어함이 사뭇 다르다. 그러므로 가정을 꾸려가는 일은 매우 어려우므로 지아비는 공경하여 조화롭게 하고, 지어미는 따르며 말을 잘 들어야 한다. 자식을 기르고 가르치는 데는 부모가 솔선수범해야 한다.

4 근제사謹祭祀

돌아간 분을 섬길 때는 마땅히 산 사람을 섬기는 예와 같이 해야 하므로 오직 정성을 다해야 한다. 제삿날에는 목욕재계하고 온 정성을 다해 제사를 모셔야 한다.

5 접빈우接賓友

사람 집에서 중히 여길 바는 제사와 손님 접대이다. 스승과 벗을 존경하고 높일 때는 아버지를 뵙고 형을 만난 것처럼 해야 한다. 훌륭한 이를 만나면 같이 되기를 생각하고 착하지 못한 일을 보면 반드시 스스로를 반성해야 한다. 태도는 공손하여야 하며 말은 충성스럽고 미쁘게 해야 한다.

6 교자손教子孫

어려서부터 청소와 인사를 가르친다. 집에서는 효를, 나가서는 윗사람을 공경하는 것을 가르쳐야 한다. 경전을 외우고 육예를 익히게 하며, 멋대로 행동하지 않고 덕 있는 사람과 친하도록 해야 한다. 모든 일상의 일들이 자신에게 절실한 것이니 몸소 실천하며 매일 생각하도록 해야 한다.

7 돈인목敦婣睦

원래 한 몸이 나뉘어 집안으로 갈라진 것이므로, 집안 간에는 기가 서로 통하는 것이다. 본래의 뿌리는 같은 것이어서 성인이 서로 화목하게 지내라 가르치신 것이다. 내외의 친척들은 부모로 말미암은 것이니 누이의 아들이 조카가 되고 어머니의 형이 외삼촌이다. 화목은 나로부터 돈독해지는 것이니, 늘 후덕하게 대하여야 하고 길가는 사람 보듯 해서는 안 된다.

8 화린리和隣里

다섯 집이 이웃이고 다섯 이웃이 곧 마을이다. 한 우물을 먹고 살며 서로 지켜주며 살아간다. 무슨 일이 있으면 같이 걱정하고 같이 일을 도모한다. 부자라고 가난한 이 깔보지 말며, 귀하다고 천한 이를 업신여기지 않으며 잘못은 너그러이 용서하고 좋은 도리는 서로 권한다. 먹을 때는 굶주린 사람을 생각하고 옷을 입을 때는 추운 사람을 생각하라.

9 근본업勤本業

선비들도 현실에 맞추어 일을 해야 한다. 농사일을 하게 되면 씨 뿌리고 거름 주고 김매고 거둠에 있어 시기를 잃지 않도록 애쓴다. 부녀자들은 누에치고 삼을 길러 베를 짜야 한다. 마당에는 과실을, 밭에는 남새를 심고 키워야 하며 검소하고 부지런하여야 한다.

10 근조부謹租賦

땅 위에 나는 모든 것들은 세금으로 바쳐야 하는 법이다. 가을에 거둔 것은 10분의 1을 준비해야 한다.

겨울의 별미

고택을 매일같이 쓸고 닦는 이는 광산 김씨 쌍벽당 18대 종부 이춘옥 씨다. 안채의 대청마루만 하더라도 그 규모가 남다른데 500년 된 싸리나무 기둥까지 하나하나 다 닦아야 하니 집 청소만 해도 반나절이 훌쩍 가기 마련이다. 그래도 맏며느리이자 차종부인 류찬희 씨가 있어 종부는 든든하다. 지금은 차종손의 직장과 자녀들 때문에 청주에 따로 떨어져 살지만 차종부는 1년에 열 번 있는 기제사를 가져가서 모시며 벌써부터 종부의 손을 덜어주고 있다. 서애 류성룡 종가 충효당과 가까운 일가에서 자란 덕분인지 차종부는 나중에 아이들이 커서 독립하고 나면 쌍벽당으로 들어와 종손과 종부를 모실 계획이라고 한다.

언니와 동생처럼 정겨운 고부가 선보일 손맛은 '감주甘酒'와 '경단'이다. 감주는 예부터 한꺼번에 많이 만들었다가 두고두고 즐기는 겨울 대표 음료로 '단술'이라 부르기도 한다. 방 한쪽이나 부뚜막에서 삭히던 감주는 전기 밥솥을 사용하면서부터 한결 만들기 간편해졌다. 감주와 함께 한입 크기로 먹기 좋게 만든 경단을 곁들이면 멋스럽고 먹음직스러운 쌍벽당표 다과상 이 완성된다.

감주

1 엿기름을 물에 불린 뒤 면포에 부어 찌꺼기를 걸러낸다.

2 걸러낸 엿기름물을 밥솥에 붓는다.

3 찹쌀은 물에 불렸다가 찜통에서 찐다.

종부의 요리 TIP

"더러 멥쌀을 쓰기도 하는데 멥쌀로 하려면 고두밥으로 짓고, 이렇게 찹쌀로 하려면 푹 쪄주는 게 좋아요. 감주를 많이 만들 때는 엿기름을 많이 해서 물도 많아야 하지만, 찹쌀도 많아야 맛있습니다."

4 2의 밥솥에 찐 찹쌀을 붓고 60℃ 정도 되는 보온으로 맞 춘 뒤 5시간 정도 삭힌다.

5 삭힌 물을 옮겨 담아 다시 팔팔 끓이고 꿀과 생강즙을 넣 어 간을 맞춘다. 레몬즙을 넣어 상큼함을 더한다.

7 완성된 감주는 살얼음이 살짝 얼 정도로 차가운 곳에 보 관하였다가 마신다.

경단

1 찹쌀가루에 약간의 소금 간을 하고 끓는 물로 익반죽한다.

2 반죽을 지름 2cm 정도의 크기로 동그랗게 빚는다.

3 끓는 물에 반죽을 하나씩 넣어 익힌다. 동그란 반죽이 끓으면서 물 위로 떠오르면 다 익은 것이므로 건져낸다.

4 건져낸 경단은 재빨리 찬물에 헹구고 물기를 뺀다.

5 둥근 접시나 쟁반에 콩가루나 빵가루 고물을 넓게 부은 뒤 경단을 둘둘 굴려 고물을 골고루 묻힌다.

6 말린 대추를 가늘게 썰어 고명으로 얹는다.

차종부가 종부의 삶을 뒤따르듯 차종손 김동악 씨 역시 아버지를 따라 집 안 곳곳을 돌보고 한문 공부에도 열심이다. 쌍벽당을 물려받을 준비에 여간 정성을 기울이는 것이 아니다. 전통이 사라질까 우려하던 마음이 쌍벽당에서는 사그라들며 못내 마음이 놓인다.

❖ 광산 김씨 쌍벽당

경북 봉화군 봉화읍 거수1길 17 | 054-673-3030

18대 종손 김두순 010-8844-3030

예안 이씨
참판댁

:: 참죽부각과 곶감호두말이

참판댁과 연엽주

중요민속문화재 제236호로 지정된 충남 아산의 '아산 외암마을'은 아름다운 한옥과 나지막한 돌담 등 선조들의 숨결을 고스란히 느낄 수 있는 곳이다. 『덕이』, 『야인시대』 등의 드라마와 『취화선』, 『태극기를 휘날리며』 등의 영화 촬영 장소로 알려지면서 국내 관광객뿐만 아니라 많은 외국인들이 즐겨 찾는 명소가 되었다. 이곳에는 돌담을 따라 나 고불고불한 고샅길이 운치를 더하는 예안 이씨 문정공파 종가 '참판댁'이 있다. 참판댁은 19세기 말 규장각의 직학사直學士와 이조참판을 지낸 퇴호 이정렬退湖 李貞烈, 1868~1950이 살던 집으로 고종황제가 이정렬에게 하사한 고택이다. 중요민속문화재 제195호로 지정된 참판댁은 고종께 진상했다는 가양주家釀酒, '연엽주蓮葉酒'로 더욱 유명세를 치르고 있다.

예안 이씨 종택 참판댁

"저의 고조부인 이원집 선생이 처음 연엽주를 빚기 시작했으니 거의 200년이 다 된 가양주이지요. 선생은 고종 때 왕실 비서감승을 지낸 인물로 이 술의 제조비법을 당시 궁중음식 제조법을 기록한 《치농治農》에 상세히 기록해 부인에게 전했고, 그 덕에 우리 집안에서 연엽주가 전해지는 겁니다."

충남 무형문화재 제11호로 지정된 연엽주를 계승하고 있는 예안 이씨 참판댁 6대 종손 이득선 씨의 명쾌한 설명을 들으니 더욱 그 맛이 궁금해진다. 연엽주는 누룩을 기본으로 솔잎, 감초, 대추 등 여러 약재와 '연잎'을 원료로 쓰는 점이 다른 가양주와는 다르다. 가문에서도 제주祭酒로만 쓰던 귀한 술인데 고종과 인연이 닿았다.

"고종 황제의 몸이 쇠약해지자 신하들이 몸에 좋은 술을 빚어 진상하자고 의견을 모았습니다. 전국의 내로라하는 가양주들이 다 모였지요. 그때 아산의 연엽주가 선택을 받으면서 해마다 봄이면 고종에게 진상되었습니다."

예안 이씨 참판댁의 5대 종부 최황규 씨는 시집오자마자 연엽주 배우는 법부터 익혔다.

"술 담그는 날에 목욕재계는 기본입니다. 오래전부터 차례나 제사에 쓰이는 술을 담그는 날은 택일하고 심지어 술독을 놓는 방향도 그날의 일진을 보아 엄격하게 정했지요. 술독을 놓는 방의 온도를 일정하게 유지하기 위해 술이 익는 동안 아궁이 앞을 떠날 수도 없었습니다. 침이 튈까 봐 입에는 창호지를 물고 일했어요."

최황규 종부는 며느리들에게 연엽주 만드는 법을 가르치며 그 명맥을 잇는다.

걸어다니는 민속학 사전과 반성문 쓴 며느리

참판댁의 5대 종손이자 이 집의 정신적 지주인 이득선 씨는 살아 있는 민속학 사전으로 불릴 정도로 박학다식하며 예의와 법도를 지키는 일에 철저하다. 한양대학교 토목공학과를 졸업하고 조교로 있던 그는 30세 되던 해인 1970년, 부친상을 당해 고향으로 내려와 묘 옆에다 초막을 짓고 시묘侍墓*를 한 것으로 유명하다. 건축학도를 꿈꾸던 종손은 외암마을로 내려온 뒤 모르는 것은 알 때까지, 아는 것은 더 정확히 알 때까지 전국 각지의 종손과 예학자들을 찾아다니며 공부했다. 이런 꼼꼼한 시아버지를 둔 덕분에 맏며느리 이은주 씨는 반성문까지 썼다.

---

* 부모의 거상 중에 3년간 그 무덤 옆에서 움막을 짓고 사는 것을 말한다.

"시집온 지 얼마 되지 않았던 때였어요. 아버님께서 주무시는 줄 알고 조용히 들어갔는데 불호령이 떨어졌어요. 밖에서 기척을 하지 않고 들어갔기 때문이죠. 결국 '밖에서 방 안에 들어갈 때는 기침소리를 내야 한다'는 문장을 50번 써서 아버님께 제출했습니다."

차종부가 힘들어할 때마다 종부는 막내딸 같은 차종부의 손을 꼭 잡아 준다. 시아버지가 유별나고 엄한 대신 시어머니는 인자하고 다정하니 묘하게 잘 어울리는 조합이다.

연엽주를 더욱 돋보이게 하는 일등 안주

예안 이씨 참판댁 종부의 손맛은 '참죽부각'과 '곶감호두말이'다. 둘 다 연엽주의 간단한 안주로 손색이 없어 손님이 오시면 종부가 자주 내가는 음식이다.

"참죽나무의 순, 참죽은 몸에도 좋고 맛도 좋아 저희가 무척 즐겨 먹는 식재료입니다. 봄에 참죽나무 순이 15~20cm 정도 올라오면 따서 말려두는데, 장독에 넣어서 잘 보관했다가 두고두고 꺼내 먹어요."

참죽으로 부각이 아닌 반찬을 만들 때는 소금이나 간장 또는 고추장과 볶은 통깨로 양념을 해서 먹는다. 봄에 나는 참죽나무 순은 겨우내 몸속에 쌓였던 각종 독소를 체외로 배출시키고 신진대사를 촉진해 기운을 돋게 하므로 봄에 딴 참죽 순을 저장했다가 겨우내 즐기는 참판댁의 조리법은 맛과 영양 두 가지를 다 잡았다 할 수 있다.

참죽부각

1 봄에 말렸다가 저장해둔 참죽을 꺼내 마른 수건으로 깨끗하게 닦는다.

2 찹쌀가루를 물에 끓여 찹쌀풀을 만든다.

3 참죽에 찹쌀풀을 골고루 발라 햇볕에 잘 말린다.

4 먹을 양 만큼만 기름에 튀긴 뒤 기름을 탈탈 털어내고 설탕을 뿌린다.

●참죽의 영양학

참죽은 독특한 향과 맛이 있어 입맛을 돋우는 데 좋다. 단백질과 아미노산의 함량이 높으며 비타민B1, B2, 비타민C, 칼슘, 마그네슘 등을 함유하고 있다. 소염, 해독, 살충의 효능이 있어 장염, 이질, 종기 등 치료에 효과적이나 한꺼번에 많이 먹으면 설사를 하거나 두통이 올 수 있으니 주의한다.

곶감호두말이

1 곶감은 말랑말랑하면서 표면에 흰 가루가 많은 것으로 고르고, 한쪽 면만 갈라서 씨를 뺀다.

2 호두는 속껍질과 가운데의 단단한 심을 제거해둔다.

종부의 요리 TIP

"보통 호두를 겉껍질만 제거해서 그대로 먹는 경우가 많은데 속껍질까지 제거하지 않으면 떫은맛이 납니다. 뜨거운 물에 호두를 잠시 담갔다가 이쑤시개로 속껍질을 벗기면 고소한 맛을 한층 더 느낄 수 있지요."

3 씨를 뺀 곶감을 반듯하게 편 뒤 호두를 얹는다.

4 곶감을 돌돌 말아 끝을 꼭꼭 눌러 고정시킨다. 곶감에 끈
  기가 없어 잘 붙지 않으면 꿀을 조금 발라서 눌러준다.

5 곶감을 3등분 정도로 썬다.

● **곶감의 영양학**
감을 건조시킨 곶감은 비타민A와 비타민C가 풍부하다. 특히 타닌 성분이
풍부해서 설사를 멎게 하고 배탈을 치료하는 데 효과적이다.

고종이 사랑한 술 연엽주에 참죽부각과 곶감호두말이가 어우러지면 보기에도 멋스러운 술상이 완성된다. 다섯 살 때부터 어른들께 연엽주 맛보는 법과 주도酒道를 배운 종손이 어린 손자 손녀에게 연엽주 맛을 보여주며 고개를 옆으로 15도 돌리라는 둥, 앉을 때는 다리를 오므리고 손은 다리 사이에 넣으면 안 된다는 둥 쉴 새 없이 주도를 가르친다. 전통이란 이렇게 대물림을 거듭하며 이어져간다.

❖ **예안 이씨 참판댁** (연엽주 구매 가능)
충남 아산시 송악면 외암민속길 42-15 | 041-543-3967

❖ **아산 외암마을**
충남 아산시 송악면 외암민속길 5 | 041-540-2654
http://www.oeammaul.co.kr

나주 나씨
반계종가

:: 고추씨백김치

종부계의 멀티플레이어

동양학자 조용헌 교수는 '종부'를 '전통 문화의 골키퍼'라 표현했다. 음식이라든지 의식주 전반에 대한 전통을 보유한 이들이 종부이기 때문에, 좀 힘들더라도 종부들만 잘 버티고 계승한다면 언제든지 우리의 전통이 부활할 수 있다는 것이다. 전통의 보루로서 골문을 든든히 지키는 골키퍼형 종부들이 있는가 하면 포지션을 가리지 않고 그라운드를 누비는 종부계의 멀티플레이어가 있다. 바로 나주 나씨 반계공파 25대 종부 강순의 씨다.

강순의 종부는 KBS 다큐멘터리 『인간극장』 및 다양한 방송 프로그램에 출연해 뛰어난 입담으로 종부의 삶을 대변하고 있다. 한 해에 200여 가지의 김치를 무려 2만 포기나 담그는 덕에 지문은 닳아 없어졌고 손톱에는 늘 붉은 고춧물이 배어 있다. 고생하는 종부를 위해 남편이 마늘 가는 기계를 사다주었는데 처음 사용하던 날 오른손 가운뎃손가락 끝이 잘려나가 겨

우 이어 붙였다. 아직도 새벽 4시에 일어나 김칫독을 닦는 종부는 이제 '김치 명인'이라는 이름이 더욱 익숙하다.

경기도 광주로 가면 김치 명인 강순의 종부와 종손 나도균 씨를 만날 수 있다. 산 좋고 물 좋은 땅에 집을 짓고 마당에는 수백 개의 장독을 늘어놓았지만 종손과 종부는 두고 온 고향과 종택에 대한 회한이 늘 가슴 한쪽에 남아 있다.

"아버지께서 돌아가시자마자 5·16 군사정변이 일어났고 살림이 힘들어져서 종택을 팔 수밖에 없었습니다. 빨리 가세를 일으켜 집을 다시 찾아야지요."

종손 나도균 씨는 사업에 운이 없었는지 여러 번 실패를 경험했다.

"남편은 세상 물정을 몰랐어요. 아홉 번이나 망했으니 말 다했지요. 종가 재산을 다 처분하고도 빚이 어마어마했어요. 사진 기술을 배우다 그만두고, 컴퓨터 사업하다 망했고, 오락실도 했었어요. 빚쟁이들이 몰려와 세간

강순의 종부가 담근 김치로 가득한 장독대

에 빨간 딱지 붙인 게 셀 수 없을 정도였습니다."

특유의 낙천적인 성격으로 덤덤히 말하는 종부지만 당시에는 그 속이 오죽했을까. 종부는 이대로는 안 되겠다 싶어 혼자 집을 얻어 나간 적도 있었지만 아이들 걱정에 되돌아왔다고 한다. 집안을 다시 일으킨 것은 종부의 손맛이었다. 시어머니에게서 배운 음식 솜씨로 처음엔 폐백과 이바지 음식을 만들었는데 이때부터 강순의라는 이름이 세간에 알려지기 시작했다. 종가에서 갈고닦은 음식 솜씨가 종가의 생계를 책임지게 된 것이다.

모든 채소는 김치가 된다

새벽 4시면 시조모께서 담뱃대를 화로에 툭툭 치며 집안사람들을 깨웠

전통방식 그대로 김칫독은 땅속에 묻어 보관한다.　　땅속에서 일정한 온도로 맛있게 익어가는 동치미

다. 친정이 당진인 새내기 종부는 시집간 지 3일이 지나고 나서야 부엌에 들어갈 수 있었다. 먼저 장독을 깨끗하게 닦고, 행주를 삶고서 밥을 지었다. 30명이 넘는 하인들의 조석반과 들밥을 해대는 것은 물론, 어른들의 세 끼 식사와 새참까지 매일 꼬박꼬박 올렸다.

"쑥떡이나 인절미, 얼려놓은 감이나 식혜를 간식으로 자주 냈습니다. 하다못해 찰밥이라도 쩌 내는데 덕분에 저는 요새도 찰밥을 곧잘 하지요. 김치와 간식을 내내 잘 드셔서 그런지 몰라도 시어머니는 89세까지 사셨고, 시조모가 97세, 시증조모께서는 무려 103세까지 사셨어요. 그러니 저도 장수하지 않을까요?"

서울에서 직장을 다니는 종손의 입맛을 맞추려면 시댁에서 음식 솜씨를 먼저 익히고 떠나라는 시어머니의 말씀에 5년을 남편과 떨어져 지냈다. 그때 친정으로 돌아가는 길을 알았더라면 이렇게 미련하게 살지 않았을지도 모른다고 웃으며 말하지만 이제는 다 지난 일이다.

원래 나주 나씨 반계공파는 전라도 일대에서 김치맛으로 정평이 났었다. 양념을 아끼지 않고 팍팍 쓰는데다 젓갈도 종류별로 다 담았다. 젓을 끓이고 달이는 데 한 달이 훌쩍 갔다. 1년 내내 김치와 씨름한다고 해도 과언이 아니었다.

"우리 집안이 200년 전부터 김치와 장아찌를 즐겼다고 합니다. 어머니는 저에게 사계절 제철 채소로 김치와 장아찌 담그는 법을 가르쳐 주셨어요."

발효되는 것만 김치가 아니라 갓 담아 무쳐 먹는 것도 김치, 젓갈 넣고 숙성시킨 순간부터 익을 때까지 먹는 것도 김치다. 그렇게 배운 김치가 200여 가지다. 흔한 포기배추김치, 파김치, 총각무김치 이외에 돌나물김치, 시금치김치, 참나물김치 등 강순의 종부의 손에서는 사계절 김치가 뚝딱 만들어진다. 이 수많은 김치 중 나주 나씨 반계공파에서 '강순의표 김치'로 공언하는 것은 맛도 모양도 이색적인 '고추씨백김치'다.

"옛날에는 고추가 귀했어요. 그래서 어렵사리 구한 빨간 고추는 어른들 드시거나 손님들이 드시는 좋은 김치에만 넣고, 여자들이 먹거나 종가의 일꾼들과 먹으려고 담는 김치에는 고추씨를 따로 모았다가 담갔어요. 고추 딸 때 막바지에 덜 익은 고추가 많잖아요? 그런 고추들을 한꺼번에 따서 그늘에 말렸다가 찐 뒤에 절구에 대충 빻아서 고춧가루와 고추 씨로 김치를 담그는 겁니다. 그런데 이 고추씨로 담근 김치가 얼마나 맛이 좋은지 어르신들이 좋은 김치는 두고 이 고추씨백김치만 내오라고 하시는 거예요. 푸대접 받던 김치가 영광을 차지하게 된 거죠."

깔끔하고 시원한 맛의 고추씨백김치는 고추씨의 칼칼한 맛이 더없이 식감을 자극하여 손님들에게도 가장 인기를 끈다.

고추씨백김치

●김치의 영양학
김치는 특유의 맛과 식감으로 식욕을 돋우어주는 것은 물론 과학적으로 여러 가지 효능이 입증된 세계적인 건강식품이다. 칼로리를 공급하는 영양소라기보다는 여러 종류의 비타민과 무기질 등을 공급하는 식품으로 애용된다. 특히 동물성 재료인 젓갈은 산화하면서 아미노산을 공급하는데, 밥에서 부족한 단백질과 칼슘을 보완해 준다. 또 채소에 많이 함유된 섬유소로 소화 작용을 도와 변비나 장염 같은 질병을 예방하고, 위장 내의 단백질 분해 효소인 펙틴 분비를 촉진시켜 소화를 돕는다. 김치가 익으면서 나오는 젖산은 항균 작용을 한다.

1 중간 크기의 배추를 준비한다. 중간 크기의 배추가 연하고 맛있다.

2 물과 소금을 5:1의 비율로 섞어 절임물을 만든 뒤 배추 자른 면과 겉면을 소금물로 적신다. 그 위에 소금 2컵을 뿌려 6시간 절인 뒤 헹구고 물기를 뺀다.

> **종부의 요리 TIP**
>
> "소금물에 담그지 않고 소금물을 묻히기만 하면 배추가 더 아삭하게 절여지니까 다량으로 하지 않는다면 소금물에 담그지 말고 묻혀 보세요. 나중에 소금 뿌리는 것은 두꺼운 밑둥과 두꺼운 아래 줄기 부분으로 뿌려주고요."

3 찬물에 다시마를 넣고 중불로 약 10분 정도 끓인 뒤 다시마를 건지고 식힌다. 다시마를 오래 끓이면 색이 뿌옇게 변하고 비린 맛이 나니 유의한다.

4 다시마 물에다가 콩물, 찹쌀가루와 고구마가루를 넣어 찹쌀풀을 끓인다.

5 찹쌀풀에 고추씨와 다진 마늘, 새우젓, 멸치액젓을 넣어 양념을 만든다. 백김치는 간을 너무 세게 하지 않는다.

6 절인 배춧잎 2~3장을 잡고 속에 양념을 차곡차곡 바른다. 두꺼운 줄기 위주로 양념을 발라야 간이 더욱 잘 밴다.

7 양념을 다 바른 김치는 배추 겉잎으로 두른다. 겉잎으로 싸면 공기와의 마찰이 줄어 더욱 맛있게 익는다.

8 배추를 자른 면이 위로 향하게 해 양념이 아래로 빠지지 않도록 하여 통에 차곡차곡 담는다.

9 완성된 백김치는 일주일 정도 익힌다.

사람 좋은 종손은 손님들을 자주 초대한다. 아내의 솜씨가 좋으니 손님들 불러다 식사를 대접하는 것이 일상이다. 워낙 김치의 종류가 많아 찌개 하나만 끓여서 함께 내놓아도 먹음직스러운 상차림이 완성된다. 특별한 김치를 맛본 이들은 그 맛에 감탄하여 김치 좀 싸달라는 소리를 주저하지 않는다. 인심 후한 종부는 손님들이 식사하시는 틈에 미리 김치를 싸둔다. 워낙 싸달라는 사람이 많다 보니 아예 보자기를 대량으로 구비해두었다.

"서랍장에 보자기가 100장도 넘게 있는데 이것 말고도 사과상자로 두 박스나 더 있어요. 이 보자기도 두 달이면 다 나갑니다."

매일같이 김치를 담그고 사람들에게 나눠주는 일이 이제는 힘에 부칠 법도 한데 종부는 사람들이 자신의 '김치 인생'을 알아주는 것 같아 오히려 기분이 좋다고 한다. 화려하지는 않지만 사람들을 매료시키는 고추씨백김치는 종택을 찾는 사람들뿐만 아니라 종부에게도 큰 행복을 가져다주는 고마운 음식이다.

❖ 나주 나씨 반계종가

경기도 광주시 오포읍 창뜰아랫길 32-45 | 031-717-6962

http://www.kangskimchi.com

감사의 말

종부들을 짝사랑한 것처럼, 오래오래 앓았다. 미처 텔레비전 화면에서 다하지 못했던, 그 너머의 이야기를 풀어보자는 생각으로 어쩌면 가볍게 시작했던 것은 내 만용이었다. 봉제사접빈객을 실천하면서 오늘날을 살아내는 종가 여인들의 계절밥상에는 삶의 지혜가 있었고, 저마다 소박하거나 기품 있거나 독특한 가문의 맛이 녹아 있었다.

그 뿌리가 되는 종가 이야기를 안 할 수가 없다. 내 짧은 식견으로는 좀처럼 담을 수 없는, 거대하고도 단단한 우리 모두의 이야기…… 부끄럽지만 이 이야기에 좀 더 많은 이들이 귀 기울였으면 하는 바람으로 부족한 글을 기어이 끝냈다. 여러 번의 계절이 흘러 책이 나온다니, 내 안에서 펄떡이던 종부들과의 이별이 실감난다. 그녀들의 물 마를 새 없는 거친 손에 이 책을 바친다.

내게 세상을 보는 눈을 키워주신 김규태 PD님, 감사합니다.
과년한 딸이 다니던 직장을 그만두고 방송작가를 하겠답시고 밤기차를 타고 나섰을 때, 말리지 않고 기다려주신 나의 늙은 부모님, 사랑합니다.

부족한 글을 이처럼 곱게 다듬어 주신 오픈하우스 이민정 팀장님, 이 마음은 두고두고 갚을게요.

내 몸 안에 또 하나의 생명이 자라고 있어 더 없이 풍요롭다.
마음은 벌써 열 달 뒤, '저기'다.
부족한 글을 읽어 주신 모두의 마음도, 풍성한 저기 저 너머에 가닿기를.

2014년 봄,
이윤희 드림

종가를 지켜온 종부의 손맛

초판 1쇄 인쇄 2014년 3월 28일
초판 1쇄 발행 2014년 4월 4일

지은이 | KBS 「종부의 손맛」 제작팀 이윤희
펴낸이 | 정상우
주간 | 정상준
기획편집 | 이민정 정희정 심슬기
디자인 | 최선영
마케팅 | 김영란
관리 | 김정숙
사진제공 | 극락조 blog.daum.net/elegant0302/389
          (안동 장씨 칠계재/원주 변씨 간재종가/ 안동 장씨 경당종가/의성 김씨 학봉종가)

펴낸곳 | 오픈하우스
출판등록 | 2007년 11월 29일(제13-237호)
주소 | 서울시 마포구 동교로 13길 34(121-896)
전화 | 02-333-3705   팩스 | 02-333-3745
홈페이지 | www.openhousebooks.com
트위터 | @openhousebooks

ISBN 978-89-93824-90-2 (13590)

이 도서의 국립중앙도서관 출판시도서목록(CIP)은 서지정보유통지원시스템 홈페이지(http://seoji.nl.go.kr)와 국
가자료공동목록시스템(http://www.nl.go.kr/kolisnet)에서 이용하실 수 있습니다.(CIP제어번호: CIP2014010007)